高等学校教学用书

工科化学实验系列丛书

中级化学实验

浙江大学宁波理工学院

主　编　宗汉兴　毛红雷

副主编　应丽艳　张胜建　江海亮

浙江大学出版社

图书在版编目（CIP）数据

中级化学实验 / 宗汉兴，毛红雷主编. —杭州：浙江大学出版社，2008.5（2022.1 重印）
ISBN 978-7-308-05921-3

Ⅰ.中… Ⅱ.①宗…②毛… Ⅲ.化学实验 Ⅳ.O6-3

中国版本图书馆 CIP 数据核字（2008）第 057579 号

内容简介

本系列教材从化学一级学科角度出发，根据化学实验的内在规律和联系，将原来无机、分析、有机、物化和仪器分析等化学实验，去粗取精，重组融汇整合成新体系的化学实验，本教材是其中的中级化学实验部分。全书共五章 40 个实验，包括基础测量技术、电化学测量及应用、组成测定及结构分析、物性及其测量、综合性和研究性实验等内容。着重加强学生的实验基本操作技能以及正确使用各类仪器设备测试和处理实验数据的能力，提高分析和解决实际问题的能力，培养学生的创新思维、创新意识和创新能力。

本书适合作为高等院校相关专业，尤其是非化学类工科专业的实验教学教材，也可作为相关人员的参考用书。

中级化学实验

宗汉兴　毛红雷　主编

责任编辑	徐　霞	
封面设计	刘依群	
出版发行	浙江大学出版社	
	（杭州市天目山路 148 号　邮政编码 310007）	
	（网址：http://www.zjupress.com）	
排　　版	杭州青翊图文设计有限公司	
印　　刷	杭州丰源印刷有限公司	
开　　本	787mm×960mm　1/16	
印　　张	14	
字　　数	260 千	
版 印 次	2008 年 5 月第 1 版　2022 年 1 月第 3 次印刷	
书　　号	ISBN 978-7-308-05921-3	
定　　价	39.00 元	

前　言

化学实验是培养学生基本操作技术、创新意识、创新能力、创新精神和优良素养的有力手段,而且有它的不可替代性。因此,化学实验应强调以培养学生实验基本技术和技能为主、验证课堂理论为辅的原则。浙江大学从1985年开始,系统、综合地考虑化学系学生在校期间应培养哪些实验基本技术和技能,熟悉哪些实验仪器和培养哪些优良素养等因素,重组了基础化学实验课和体系,分三阶段多层次进行实验教学的教改模式,这一指导思想同样适合非化学类专业的化学实验教学。

通过长期的化学实验教学经验积累,我们深感化学实验完全可以从化学一级学科角度出发,根据化学实验自身的内在规律和联系,重组整合实验内容,会更有利于学生基本操作技术和技能的培养。为此,我们将原来的无机、分析、有机、物化和仪器分析化学等实验内容去粗取精,重组融汇,按化学实验基本操作、一般仪器的操作使用、物质的分离提纯与定量测量、各类化合物的合成、物性测量、物质的成分分析、结构表征及各类化学实验技能在化学研究中的应用——综合化学实验等内容由浅入深、分层次、分阶段地进行实验教学,完全打破了过去按无机、分析、有机、物化等学科来安排化学实验的习惯。因此,我们在原教材基础上,经过几年在非化学类工科专业学生中的教学实践,并结合浙江大学宁波理工学院培养应用型创新人才的目标和学生的知识理论基础以及实验学时数相对偏少的特点,几经修改、筛选后整合成一套全新实验体系的化学实验教材,包括"基础化学实验"、"中级化学实验"和"综合化学实验"三部分。

本教材为中级化学实验部分,内容包括电化学、物性及其测量、组成测定和结构分析及利用近代仪器分析技术测定物化参数等综合化学实验,本教材在内容的选取及编写中突出了以下几点:

(1)同一实验中同时采用积木式和组装式仪器进行实验教学,有利于学生熟悉实验原理,掌握实验操作技术;

(2)增加了高压和低真空实验内容,拓宽了学生的知识面;

(3)实验中尽量采用现代化先进测试手段,如微电脑、实验数据分析记录仪(无纸记录仪)和各种电子显示仪表等;

(4)用数字式真空测压仪替代U形汞柱测压计以消除汞对实验室环境的污染等,在化学实验中体现了绿色化学理念;

（5）同一物理量的测量介绍了不同的测量方法或同一测量方法应用于不同的研究对象；

（6）各类大型仪器的操作技术及一些先进测试手段的应用，如顶空技术、蒸发光散射检测器等；

（7）采用近代仪器测定物性参数等综合化学实验。

（8）在附录中较详细地列出了近年出版的有关实验教材及研究资料目录，便于学生查阅。

本系列教材是在非化学类专业中进行化学实验教学系统改革的一种尝试。从化学一级学科出发，根据化学实验技术的特点和纵向关系，探索一条融合基本操作技术、化合物的合成和表征技术、物性及参数测量技术，并上升为综合应用化学实验各项知识和技能进行化学研究等实验内容的道路，从教材编写到学生实验教学，真正融会贯通而又便于实际进行实验教学操作的改革模式。

在教材编写过程中参考了不少国内外有关化学实验教材、化学文献资料，在此对相关作者表示衷心感谢。

由于编者的水平有限，本教材中不妥和错误之处在所难免，希望读者批评指正。

编　者

于浙江大学宁波理工学院

2007 年 6 月

目　录

第一章 基础测量技术

1.1 温度测量技术及温度计

1.1.1 温 标

作为两个互为热平衡系统的特征参数——温度,都是用某一物理量作为测温参数来表征的。原则上只要该物理量能随冷热的变化发生单调、明显的变化,而且可以复现,都可以用于表征温度。如水银温度计利用等截面的汞柱高度、镍铬-镍硅热电偶利用两种金属的温差热电势、铂电阻温度计利用铂的电阻随温度变化而变化、饱和液体温度计利用液体饱和蒸气压等进行测温。实验证明,不同的测温参数与温度值之间不存在同样的线性关系,而且温度本身又没有一个自然的起点,只能人为地规定一个参考点的温度值。因此,必须建立一套标准——温标,规定温度的零点及其分度的方法以统一温度的测量。

最科学的温标是由开尔文(Lord Kelvin)基于可逆热机效率由测温参数而建立的热力学温标,它与测温物质的性质无关。此温标下的温度即热力学温度 T,单位开尔文,用 K 表示。由于可逆热机无法造成,故热力学温标不能在实际中应用。

根据理想气体定律,一定量的低压气体,其 p、V、T 关系与气体性质无关。据此建立的理想气体温标,用理想气体温度计可以去复现热力学温标下的温度值。理想气体温度计是国际第一基准温度计。如按照 $T=f(p)$,用气体压强来表征温度的恒容气体温度计。

鉴于理想气体温度计结构复杂,操作麻烦,不能得到广泛使用,因此,人们致力于建立一个易于使用且能精确复现,又能十分接近热力学温标的实用性温标,用它来统一世界各国温度的测量。这就是以热力学温标为基础,依靠理想气体温度计为桥梁的协议性的国际实用温标(IPTS)。其主要内容是:

(1)用理想气体温度计确定一系列易于复现的高纯度物质相平衡温度作为定义固定点温度,并给予最佳的热力学温度值。

(2)在不同温度范围内,规定统一使用不同的基准温度计,并按指定的固定点分度。

(3)在不同的定义固定点之间的温度,规定用统一的内插公式求取。

目前,我们贯彻的是 1975 年第十五届国际计量大会通过的 1968 年国际实用温标,即 IPTS68/75。它选取了如氧沸点(90.188K)、水三相点(273.16K)、水沸点(373.15K)、锌凝固点(692.73K)、金凝固点(1337.58K)等 11 个定义固定点和重复性差些的 31 个第二类参考点。基准温度计的使用规定,在 13.81K 到 630.74℃之间用基准铂电阻温度计,630.74℃到 1064.43℃之间用基准铂-铂 10铑热电偶,1064.43℃以上用基准光学高温温度计。在不同温度区间也都规定了各自特定的内插公式及其求算方法。据此所测求的温度值与热力学温度极为接近,其差值在现代测温技术的误差之内。

为贯彻国际实用温标,测温仪器分为三级:基准温度计、标准温度计和一般测温计(或记录仪表)。根据测温精度要求不同,建立了一套温标传递系统(图 1-1),它是用上一等级的温度计对下一等级温度计进行标定与检验,以保证温度测量的统一。我国国家计量科学院与国际计量局直接挂钩,负责对国家级基准温度计进行校验,并定期标定各省、市计量单位的基准温度计。它还与各行业的测温工作形成一个逐级的温标传递组织网,通过对温度计的分度与校验以完成温标的传递,保证温度计量在国际范围内的一致性与准确性。

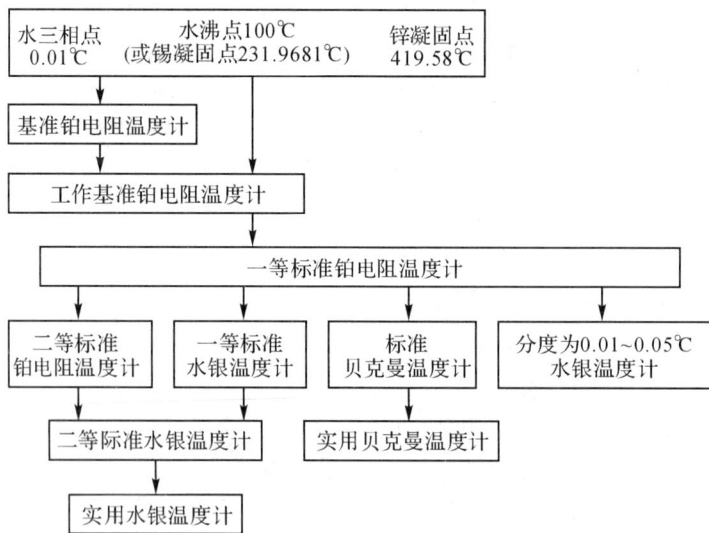

图 1-1　水银温度计的温标传递系统

应该指出,在 SI 制中,热力学温度单位为开尔文(K,1K 等于水三相点温度的 $\frac{1}{273.16}$),但在其专有名词导出单位中仍有摄氏温度 t 的名称,t 的单位符号为 C。这里的 C 已不是历史上所定的 1 大气压下水的冰点为 0 C,沸点为 100 C 来分度的摄氏度,而是用热力学温度 T 按下式定义:

$$t = T - 273.15$$

所以,SI 制中的摄氏温度仅是热力学温度坐标零点移动的结果,它反映了以 273.15K 为基点的热力学温度间隔。

1.1.2　温度计

1.1.2.1　水银-玻璃温度计

水银温度计是实验室中最常用的。因为水银容易提纯,导热系数大,热容小,膨胀系数比较均匀,不容易附着在玻璃壁上,不透明便于读数等等。水银温度计可用于 -30 C 到 300 C 温度范围,如果使用特硬玻璃并且在毛细管中充入一定量的氮气或氩气等惰性气体,可以使测量范围增加到 500 C,甚至达到 750 C;若在水银里加入 8.5% 的铊,配成铊汞齐,可以测到 -60 C 温度。水银温度计的优点是构造简单,读数方便,在相当大的温度范围内水银的体积随温度的变化接近于线性关系。水银温度计的读数误差主要来源于:玻璃毛细管内径不均匀;温度计的感温玻璃球受热后体积发生变化;全浸式温度计部分浸入使用等等。因此,使用玻璃温度测温时,需对温度计的读数进行如下校正。

(1)零点校正　由于水银温度计下端玻璃球的体积可能会有所改变,导致温度读数与真实值不符,因此必须校正零点。校正的方法是把它与标准温度计比较校正,或用纯物质的相变点进行校正。冰水体系是最常用的一种。

(2)露茎(水银柱露出待测体系)校正　温度计有"全浸"和"非全浸"(局浸)两种。"非全浸"温度计的刻度是按水银球插入待测介质之内,部分水银柱露在介质之外时进行校正得到的,这种温度计常在背面刻有校正时浸入量的刻度,在使用时若室温和浸入量均与校正时一致,所示温度就认为是正确的。

"全浸"温度计的刻度是把水银球和水银柱完全浸入被测的物质内时进行校正得到的。

所以只有把温度计全浸入被测的物质内才是正确的,但使用时往往受到测温系统的各种限制,只能局浸使用。这种影响需要进行校正,温度计的露茎校正如图 1-2 所示,其校正公式为:

$$\Delta t = 0.00016h(t_1 - t_2)$$

式中:Δt 是读数的校正值;t_1 是测量温度计的读数值;t_2 是辅助温度计的读数值;h 是水银柱露出待测系统外部分的度数。

校正后的真实温度为:

$$t_{真} = t_1 + \Delta t$$

　　水银-玻璃温度计是很容易损坏的仪器,使用时要小心。因水银在常温下会逸出蒸气,吸入人体内会使人受到严重毒害。所以,在使用中万一损坏了温度计而有水银洒出时,应尽可能地用吸汞管将汞珠收集起来,再用金属片(如 Zn、Cu)在汞溅落处多次扫过,最后用硫黄粉覆盖在有汞溅落的地方,并摩擦之,使汞变为 HgS;也可用 $KMnO_4$ 溶液使汞氧化。

1.1.2.2　热电偶温度计

　　当两种金属导体构成一个闭合线路,如果两连接端的温度不同,将产生一个与温差有关的电势,称为温差电势。温差电势的大小只与两个端点间的温差有关,而与导线的长短、粗细和导线本身的温度分布无关。这样的一对金属导体称为热电偶。在一定的温度范围内,温差电势 E 与两个接点的温度 T_1、T_2 间存在着函数关系:$E = f(T_1, T_2)$,若其中一个接点(通常称为冷端)的温度保持不变,则温差电势就只与另一个接点(通常称为热端)的温度有关,即 $E = f(T)$。因此,在测得温差电势后,即可求出热端的温度。常用热电偶温度计的特性见表 1-1。

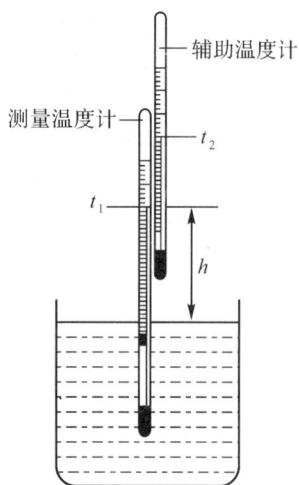

图 1-2　温度计的露茎校正

表 1-1　常用热电偶温度计的特性

类型	分度号	测温范围/℃	100℃电势/mV	备　注
铜-康铜	T	$-100 \sim 200$	4.277	铜易氧化,宜在还原气氛中使用
镍铬-考铜	EA-2	$0 \sim 600$	6.808	热电势大,是很好的低温热电偶
镍铬-镍硅	K(EU-2)	$200 \sim 1200$	4.095	大于 500℃时要求用氧化气氛
铂-铂铑合金	S(LB-3)	$0 \sim 1600$	0.645	宜在氧化性或中性气氛中使用

　　在用热电偶温度计测量温度时,通常将热电偶的一个接点放在待测物体中(热端),而另一接点则放在储有冰水的保温瓶中(冷端),用记录仪或电位差计测出回路的电势。然后,用已知温度做校正曲线,就可测定待测物体的温度。表 1-2 列出了冷端温度为 0℃时温度与热电势的关系,从表中可见,热电势的大小是毫伏级的,有时为了使温差电势增大,增加测量的精确度,可将几个热电偶串联成为热电堆使用,热电堆的温差电势等于各个热电偶热电势经放大,用数显方式显示电势(温度)制作而成。

表 1-2 温度与热电势的关系

热端温度/C	当冷端温度为 0 C 时热电偶的热电势/mV			
	铂-铂铑	镍铬-镍硅	镍铬-考铜	铜-康铜
0	0	0	0	0
100	0.645	4.095	6.808	4.277
200	1.43	8.13	14.66	9.29
300	2.31	12.21	22.90	14.86
400	3.25	16.40	31.48	20.87
500	4.22	20.65	40.15	
600	5.22	24.90	49.01	
700	6.25	29.14	57.74	
800	7.32	33.29	66.36	
900	8.42	37.33		
1000	9.57	41.27		
1100	10.72	45.10		
1200	11.91	48.81		
1300	13.12	52.37		
1400	14.31			
1500	15.50			
1600	16.68			

热电偶温度计是由两条不同金属的导线焊接制作而成的,使用时要把两条导线隔离开。在低温时,两条导线可以用绝缘漆隔离;在高温时,则用石英管、瓷管或玻璃管隔离,视使用温度不同而异。

1.1.2.3 金属热电阻温度计

金属热电阻温度计是中低温区最常用的一种温度检测器。它的主要特点是测量精度高,性能稳定。其中铂电阻温度计的测量精确度是最高的,它不仅广泛应用于工业测温,而且被制成标准温度计。金属热电阻测温系统一般由热电阻、连接导线和显示仪表等组成。

金属热电阻测温是基于金属导体的电阻值随温度的增加这一特性来进行温度测量的。金属热电阻大多由纯金属材料制成,目前应用最多的是铂和铜。此外,还有采用镍、锰和铑等材料来制造的热电阻。

金属热电阻的结构形式有：普通型热电阻、铠装型热电阻、端面型热电阻和隔爆型热电阻等。

铠装型热电阻是由感温元件(电阻体)、引线、绝缘材料、不锈钢套管组合而成的坚实体，它的外径一般为 2～8mm。与普通型热电阻相比，它有下列优点：①体积小，内部间隙小，热惯性小，测量滞后效应小；②机械性能好，耐振、抗冲击、能弯曲，便于安装；③使用寿命长等。

端面型热电阻的感温元件是由经过特殊处理的电阻丝绕制而成，紧贴在温度计端面。它与一般轴向热电阻相比，能更正确和快速地反映被测端面的实际温度，适用于测量轴瓦和其他机件的端面温度。

隔爆型热电阻是通过特殊结构的接线盒，把爆炸性混合气体因受到火花或电弧等影响而发生的爆炸限制在接线盒内，生产现场不会引起爆炸。

纯金属及多数合金的电阻率随着温度的升高而增加，即具有正的温度系数。在一定温度范围内，电阻-温度关系是线性的。若已知金属导体在温度 t_1 时的电阻 R_1，则温度 t 时的电阻 R 为

$$R = R_1 + \alpha R_1 (t - t_1)$$

式中：α 为平均电阻温度系数。

对金属丝电阻温度计的要求是：①在测温范围内，电阻-温度关系应是线性的；②电阻温度系数应比较大；③具有大电阻率，这样，小尺寸下就有大电阻值；④金属丝电气性能的重复性好，以便使传感器具有良好的互换性。

因为铂容易提纯，并且性能稳定，具有重复性很高的电阻温度系数，所以由铂电阻与精密电桥组成的铂电阻温度计有着极高的精确度，是最佳和最常用的金属电阻温度计，其测量范围为 $-200～+500$ ℃。铂电阻温度计的感温元件是由纯铂丝用双绕法绕成的线圈(以石英、瓷片、云母等为骨架)。

铜丝电阻温度计也有一定的应用范围，其测温范围为 $-150～+180$ ℃。铜丝的优点是线性度好、电阻温度系数大。缺点是易被氧化，但若采用带玻璃绝缘的直径为 0.01～0.02mm 微细铜丝，则可避免这一缺点。铜丝的另一缺点是电阻率低，制作温度传感器需要较长的芯线，因而外形很大；同时测量滞后效应较严重。

镍和铁的电阻温度系数和电阻率都较大，但其实际应用并不广。其原因是材料的重复性较差，温度-电阻关系较复杂，材料易被氧化。

1.1.2.4　热敏电阻温度计

目前，常用的热敏电阻是由金属氧化物半导体材料制成的。随着温度的变化，热敏电阻的电阻值会发生显著的变化。热敏电阻是一个对温度变化极其敏感

的元件,对温度的灵敏度要比铂电阻、热电偶等感温元件高得多,能直接将温度变化转换成电性能的变化(电阻、电压或电流的变化),因此,只要测量电性能的变化便可测出温度的变化。

根据电阻-温度特性,热敏电阻可分为两类:具有正温度系数的热敏电阻(简称 PTC)和具有负温度系数的热敏电阻(简称 NTC)。后者在工作温度范围内,其电阻温度系数为 $-6\% \sim -1\% \mathrm{K}^{-1}$,它的电阻-温度关系为

$$R_T = Ae^{-B/T}$$

式中:R_T 为温度 T 时的热敏电阻阻值;A、B 分别为由热敏电阻的材料、形状、大小和物理特性所决定的两个常数,即使是同一种类、同一阻值的热敏电阻,其 A、B 也不完全一样。R_T 与 T 之间为非线性关系,但当用它来测量较小的温度范围时,则近似为线性关系。

实验证明其测量的温差精度足可以和贝克曼温度计相比,而且还具有热容小、响应快、便于自动记录等优点。

热敏电阻的基本构造为:用热敏材料制成的敏感元件、引线和壳体。它可以做成各式各样的形状。图 1-3 是珠形热敏电阻的构造示意图。在实验中可将其作为电桥的一臂,其余三臂为纯电阻,如图 1-4 所示,其中 R_1、R_2 是固定电阻,R_3 是可变电阻,R_T 为热敏电阻,E 为电源。当某温度下将电桥调平衡,则无电压信号输给记录仪;当温度改变后,则电桥不平衡,将有电压信号输给记录仪,记录仪的笔将移动。只要标定出记录仪的笔相应每 C 时走纸格数,就很容易求得所测的温差。

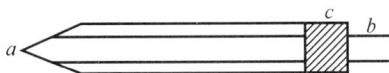

图 1-3 珠形热敏电阻构造示意图
a—热敏元件;b—引线;c—壳体

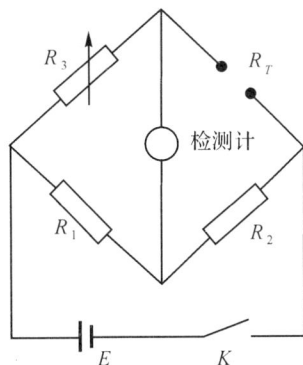

图 1-4 热敏电阻测温示意图

实验时要特别注意防止热敏电阻两条引线间漏电,否则将影响所测结果和记录仪的稳定性。

1.1.2.5 饱和蒸气温度计

饱和蒸气温度计的测温参数是液体的饱和蒸气压,可按饱和蒸气压与温度的单值函数关系而确定温度值。实验室中常见的氧饱和蒸气温度计多用于测定液氮的温度,不同温度下氧饱和蒸气压见表1-3。

表 1-3 不同温度下氧饱和蒸气压

T/K	74	76	78	80	82	84	86	88	90	90.18
P/kPa	12.36	16.92	22.70	30.09	39.21	50.36	63.94	80.15	99.40	101.32

1.2 温度控制技术

在实验温度控制中,利用相变浴控温是一种高精度的控温方式,但可控制温度点非常有限。烘箱、冰箱、马弗炉、恒温水浴等是利用电子调节实施自动控温,可随意控制任何定点温度。对于要求定点控温的体系,一般采取双位电子调节恒温。对于要求控制温度以某种程序变化时(如程序升温中要求每分钟温度上升为定值),则需采用自动调流式的电子调节控温,即PID调节控温。

1.2.1 双位电子调节控温

双位电子调节控温的优点是控温可调范围宽、控制温度(也称设定温度)可随要求调节、灵活性大、控温精度较高。现以恒温水浴为例说明这种控制的主要构件、工作原理、使用方法及其控温性能。

1.2.1.1 仪器构造及工作原理

双位电子调节控制温度仪器由传感器、电子调节器和执行器(加热器或致冷器)组成,其工作程序如图1-5所示。

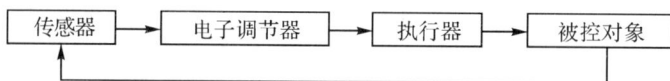

图 1-5 双位电子调节控温工作程序

传感器判定并指示控制体系的温度是否与要求控制温度一致,若不一致时,传感器将信息传递给电子调节器,由它指令执行器加热或致冷。恒温水浴中用的传感器可用电接点温度计或电阻温度计,烘箱或冰箱中用的传感器为双金属杆式温度计、热电偶或电阻温度计。控制调节器一般由电子管继电器构成,它具有接受信息、指令执行器通电工作(加热或致冷)或断电终止工作的功能。执行器与继电器中电磁开关相连,它是电加热器或电致冷系统的控制开关。显然,所谓双位电子调节控制温度仪器是一种在体系温度未达到设定温度值时能自动开启加热或致冷,当温度达到设定温度时能自动停止加热或致冷的自动控温装置。其加热或致冷时的电功率为恒定值,工作状态只有通、断两种状态。

常用的控制器为电子管继电器,其工作原理如图 1-6 所示。J 为继电器,G 为加热器或致冷器,电磁铁 J 吸合开关 K,J、K 构成电磁开关。F 为接点温度计,作温度传感器用,其一线端 b 接温度计水银球,与变压器 E 相连,另一线端 a 在温度计内接指示铁(下连铂金丝,调节温度控制点),又与 6P1 型电子管 Q 的栅极相连,构成整个控制电路。

当被控体系温度未达到设定值时,电接点温度计铂丝 a 与水银柱 b 不相接,施加于电子管 Q、电磁铁 J 上的交流电压处于半波整流状态。当板极 A 为正、阴极 B 为负时,栅极 C 通过高阻 R_2 降压,栅极电流极小,故有大的电流(直流电)通过板极至阴极。此时在电磁铁 J 上有大电流 i,使开关 K 吸合,加热器通电加热。当达到控制温度时,水银柱 b 与铂丝相接导通,变压器输出端 C' 处负电压通过电接点温度计通路直接施加于栅极 C,造成栅极电压低于阴极电压,阻碍阴极电子发射,使通过板极至阴极的电流 i 极大减小,同时迫使电磁铁 J 仅产生极小磁通量。当此电磁力小于开关 K 上 S 弹簧的拉力时,开关 K 被拉开,停止加热。当体系因散热温度下降后,则继电器重复上述工作过程,达到自动控温的目的。

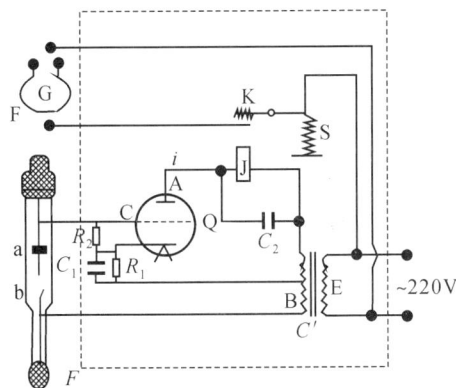

图 1-6 恒温水浴控温原理   图 1-7 晶体管继电器控温原理

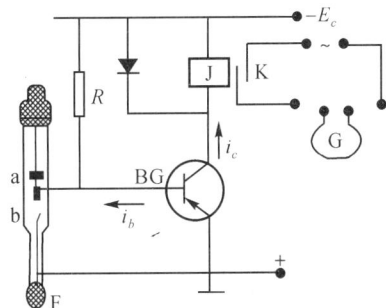

另一种常用的继电器为晶体管继电器,其工作原理与电子管继电器类似,如图 1-7 所示。当 a、b 未通时,E_c 通过 R 施压于 BG 的基极,注入正向电流 i_b,使 BG 饱和导通,有大的电流通过发射极至集电极,使电磁铁 J 吸合开关 K,导致加热器通电加热。当 a、b 接通,说明温度到达时,基极与发射极处于等电位点,无电流通过,此时发射极、集电极间电流不复存在,电磁开关断开而停止加热。由于晶体管不能在高温下使用,故不可用于烘箱、马弗炉的温度控制。

还有利用电阻温度计、电偶温度计做传感器,通过直流电桥的平衡与不平衡状态,指令电加热或致冷的自动控温体系。在此不再陈述。

1.2.1.2　双位调节控温的性能及改进措施

双位调节控温得到的恒温效果并不像相变恒温控制那样是固定不变地控制温度,而是在控制点上下小范围波动的温度。只是其平均温度值与要求控制温度(设定值)相等。图1-8 给出其温度随时间的变化曲线。引起这种温度波动的原因有以下因素:

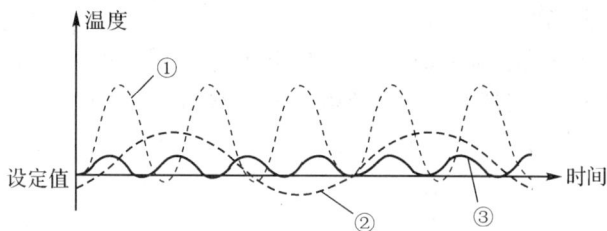

图 1-8　双位调节控温曲线

(1)工作物质(空气、水等)的导热系数。当其导热系数很小时,加热器热量不能及时被带走,造成温度达设定值时间(过充时间)过长,或造成加热器热量积累,出现温度超调(实际控制温度高于设定值)。

(2)恒温系统与环境的绝热条件不良,引起漏热,造成控制系统温度低于设定温度。

(3)双位控制本身机制的限制。双位控制中,加热或致冷的功率是恒定的,并不能随实际体系温度与设定温度之间的偏差大小随机改变加热功率。因此,当偏差很大时,由于加热功率所限,不能及时大量供热,而出现温度过低,时间过长。当偏差极小时,本来仅需很小热量即达控制温度,但由于加热器功率不可调节,造成停止加热时,加热器大量余热而使体系温度出现超调。

(4)外界随机因素的影响,如被控温体系化学反应的热效应、环境温度的波动均可影响恒温系统温的随机波动。

由于上述这些因素对双位控温曲线的影响,当工作介质为液体时,其控温精度为±0.1℃,但一般烘箱和马弗炉工作介质为空气,其控温精度为±3℃左右。

改进控温精度的措施,首先,是使系统有良好的绝热条件;其次,是利用搅拌或鼓风增强工作介质的流动性,强制加速导热;其三是采用双孪电热器,在偏差大时,用大功率加热器,在偏差小时用小功率加热器,或采取给加热器串联调压器,随偏差大小改变加热功率,以获取较高精度的恒温。

1.2.2　PID 温度调节控制

PID 控温即比例-积分-微分调节控制。它是一种先进的模拟控制系统,即随体系控温需求的热量、介质的导热、体系的绝热或漏热情况,能自动调节加热的功率,获取高精度的控温,也称自动调流控温。它主要应用于体系的恒温或程序控温,如高温炉的高精度恒温,热分析仪器中加热炉的温度程序控制。

1.2.2.1 工作程序与简单原理

PID 控温工作程序如图 1-9 所示。测温与控温传感器为热电偶温度计。用实际温度电势值与要示控制温度的电势值(由毫伏给定器给出)进行比较得 Δx,此偏差信号经微伏放大,再经 PID 的模拟运算放大,输出电压信号 Δy,将此 Δy 信号耦合于与可控硅电压同步的单结晶体管组成的弛张振荡电路,产生一触发脉冲电压信号,同步导通可控硅,实施加热器通电加热。由于 Δy 的大小能给出不同位置和大小的脉冲触发信号,导致可控硅在不同的相位角处触发导通,因此可达到自动调温加热的目的。

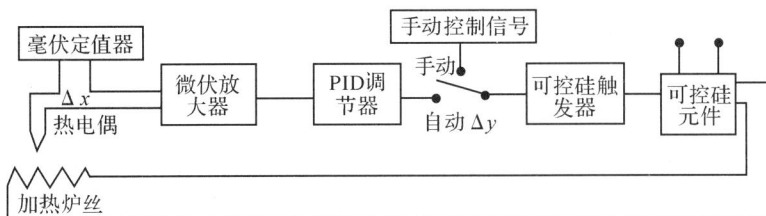

图 1-9 PID 控温工作程序

1.2.2.2 PID 模拟调节系统

PID 电子模拟调节系统如图 1-10 所示,它是由运算放大器和若干电阻、电容元件组成的,具有负反馈功能的放大器。

其中有由比例分压电路组成的比例调节系统,由电阻、电容组成的微分电路构成的积分调节系统以及由电阻、电容并联组成的积分电路构成的微分调节系统,它们可模拟真实控温体系的绝热条件、工作介质的导热条件及温度的偏差情况进行自动调节加热功率,使体系温度按要求精确控温。例如,当控温体系漏热快、温度偏差又极小时,易出现静差值,它可通过积分调节器,利用电容的逆向放电,给出较大 Δy 来克服静差;当控温体系要求升温快时,它通过微分调节器,利用最大可能减小负反馈信号,增大 Δy 值,使加热电流急增、升温速度加快。实践中,PID 的调节要视实际控温系统的要求来选择。调节是通过 R_e、R_{D1}、R_3 等电位器,按要求选取和设定不同的阻值来实现温度的自动控制。一般在恒温控制中多用 P、I 调节即可精确恒温控制。当要求体系温度程序控制时,P、I、D 三者应同时使用方可取得最佳效果。

在实验室中,DWT-702 型精密温度自动控制仪、DTL-121、DTL-161 电子调整器是以 PID 控制为基础的控制器,它可用于高温炉、热分析仪的温度控制

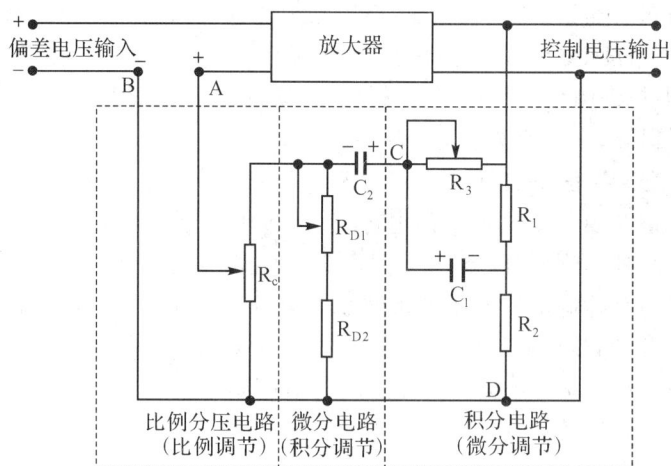

图 1-10 比例-积分-微分调节电路块形原理

和调制。

1.2.3 恒温槽及其控温

实验室中控制恒温最常用的是液浴恒温槽,其次是超级恒温槽。

1.2.3.1 液浴恒温槽(图 1-11)

1. 浴槽

浴槽包括容器和液体介质。实验时为了便于观察被恒温体系内部发生的变化情况,如液面波动、颜色改变等,恒温槽一般均由玻璃制成,尺寸大小可根据不同要求而选定。如果要求设定的温度与室温相差不太大,通常可用直径为 0.30m 的圆形玻璃缸做容器。若设定的温度较高(或较低),则应对整个槽体保温,以减小热量传递速度,提高恒温精度。恒温水浴以蒸馏水为工作介质。如对装置稍作改动并选用其他合适液体作为工作介质,则上述恒温浴可在较大的温度范围内使用。一般恒温槽的使用温度为 20~50℃,通常都用水作为恒温介质。若需要更高恒温温度,当要求温度不超过 90℃时,可在水面上加少许白油(一种石油馏分)以防止水的蒸发;当要求温度在 90℃以上则可用甘油、白油或其他高沸点物质作为恒温介质,更高温度的恒温槽则可采用空气浴、盐浴、金属浴等。而对于低温的获得,主要靠一定配比的组分组成冷冻剂,并使其在低温建立相平衡。

2. 加热器

常用的是电加热器,其选择原则是热容量小、导热性能好、功率适当。根据所需恒温温度、恒温槽的大小及允许的波动温度范围,可以选择合适的加热器类型和功率。如体积为 20L、恒温为 25℃的大型恒温槽一般需要功率为 250W 的加热

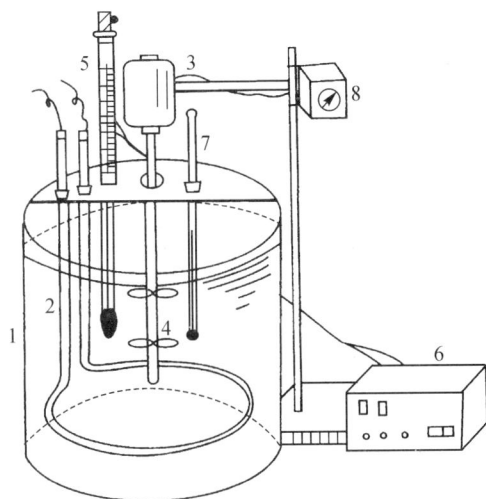

图 1-11　恒温槽装置简图

1—浴槽；2—加热器；3—电动机；4—搅拌器；5—温度调节器
6—恒温控制器；7—精密温度计；8—调速变压器

器。从能量平衡角度加以考虑，一般讲升温时可用较大功率的电加热器，当接近所需恒温温度时可根据恒温槽的大小和所需恒温温度的高低改用小功率加热器（如 100W 灯泡）或用调压变压器降低输入加热器的电压，来提高恒温精度。

3. 温度调节器（又称水银接触温度计、水银导电表等）

常用电接点水银温度计（即水银导电表），它相当于一个自动开关，用于控制浴槽达到所要求的温度。控制精度一般在±0.1℃。其结构见图 1-12。它的下半部与普通温度计相仿，但有一根铂丝 6（下铂丝）与毛细管中的水银相接触；上半部在毛细管中也有一根铂丝 5（上铂丝），借助顶部磁钢 2 旋转可控制其高低位置。定温指示标杆 4 配合上部温度刻度板 8，用于粗略调节所要求控制的温度值。当浴槽内温度低于指定温度时，上铂丝与汞柱（下铂丝）不接触；当浴槽内温度升到下部温度刻度扳 7 指定温度时，汞柱与上铂丝接通。原则上依靠这种"断"与"通"，即可直接用于控制电加热器的加热与否。但由于水银接点温度计的温度标尺刻度不够准确，需另用一支 1/10℃ 温度计来准确测量恒温槽的温度。

4. 温度控制器（继电器）

它常由继电器和控制电路组成，是控温的执行机构。一般都用晶体管继电器（过去是电子管继电器）。它接受温度调节器的信号，通过电子线路，控制继电器的电磁线圈中的电流，使其触点断开或接触，控制加热器和指示灯的工作。必须注意，晶体管继电器不能在高温下工作，因此不能用于烘箱等高温场合。现在也

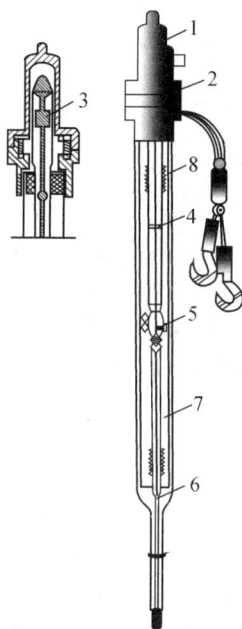

图 1-12　温度调节器(电接点水银温度计)

1—调节帽;2—磁钢;3—调温转动铁芯;4—定温指示标杆

5—上铂丝引出线;6—下铂丝引出线;7—下部温度刻度板;8—上部温度刻度板

有用热敏电阻作为温度传感元件的温度控制器。

5. 测温元件

一般均采用 1/10℃ 玻璃温度计,也可采用热敏电阻或铂电阻测温并配合相应的仪表显示体系温度。

在实验室中还有一种特殊的温度计,叫贝克曼温度计。用放大镜可以读到 0.002℃,但只能用它来测量体系温度的变化值(ΔT),而不能显示体系温度的绝对值。现在,很多院校已逐渐采用数字精密温差测量仪来测量体系温度的变化值(温差)。所用温度计在使用前需进行标定。

1.2.3.2　超级恒温槽

除上述的一般液浴恒温槽外,实验室中还常用"超级恒温槽"恒愠(图 1-13)。其原理和普通恒温槽相同,所不同之处是它附有循环水泵,能将恒温槽中恒温介质循环输送给所需恒温体系(如折光仪等),使之恒温。

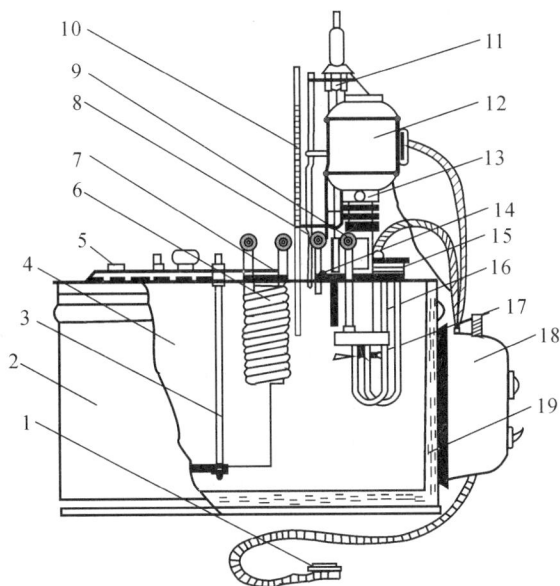

图 1-13　超级恒温槽

1—电源插头；2—外壳；3—恒温筒支架；4—恒温筒；5—恒温筒加水口
6—冷凝管；7—恒温筒盖子；8—水泵进水口；9—水泵出水口；10—温度计
11—电接点温度；12—电动机；13—水泵；14—加水；15—加热元件线盒
16—两组加热元件；17—搅拌叶；18—电子继电器；19—保温夹套

1.3　压力测量技术

压力是指垂直作用在物体表面的力,也是化学领域等研究中的一个基本物性常数。压力的大小用压强(单位面积上的力)描述,在国际单位制(SI)中,压力的单位是帕(Pa),$1Pa = 1N \cdot m^{-2}$。常用的压力单位还有:①标准大气压(100kPa);②毫米汞柱(mmHg),$1mmHg = 133.322Pa$;③巴(bar),$1bar = 10^5Pa$。压力的测量工具有 U 形液柱压力计、气压计、压力计、数字式压力计等。

1.3.1　U 形液柱压力计

U 形液柱压力计制作容易,使用方便,能测量微小的压差,准确度也高。在实验室中,通常使用的是 U 形水银压力计。如图 1-14 所示,U 形液柱压力计的 U 形管的一端与待测压力系统相连,另一端接已知压力的基准系统,U 形管内装水银,在 U 形臂的后面紧靠着带刻度的标尺。所测得的两水银柱高度差(Δh)

就是待测压力系统与基准系统的压差,从而可
计算出待测系统的压力,其计算式为:

$$p_{系统} = p_{基准} - \Delta h \rho g \qquad ①$$

式中:ρ 为水银密度;g 为重力加速度。

因水银的密度和刻度标尺的长度随温度的
变化不同,所以,U 形水银压力计的读数需对温
度进行校正,其校正公式为

$$\Delta_t = \frac{(\beta - \alpha)t}{1 + \beta t} p_t \qquad ②$$

式中:t 为测量时的温度;Δ_t 为温度校正项;p_t 为
在温度 t 时于黄铜标尺上读得的气压读数;汞的
平均体膨胀系数 $\beta = 0.0001815/℃$,黄铜标尺的

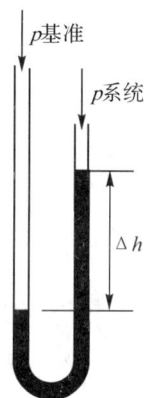

图 1-14　U 形水银压力计

线膨胀系数为 $\alpha = 0.0000184/℃$,木尺的线膨胀系数为 10^{-6} 量级,可忽略不计。

所以 $p = p_t - \Delta_t$。

1.3.2　气压计

实验室中用于测定大气压力的气压
计通常为福廷式气压计(图 1-15),它是一
种真空汞压力计,以汞柱来平衡大气压
力,然后以汞柱的高度表示。

1. 福廷式气压计部件介绍

如图 1-15 所示,福廷式气压计主要
部件是:①外套为黄铜管,在黄铜管的上
部有一长方形的小孔,并装有一游标尺、
游标和游标尺调节螺旋,以精确读取水银
柱的高度;②铜管内是一根长约为 90cm
的玻璃管,玻璃管的上端封闭,内部真空,
另一端插入水银槽中,以内部汞柱高与大
气压力平衡;③在黄铜管下端水银槽中有
一根象牙针,它的尖端为游标尺刻度的零
点,在水银槽的底部为一羚羊皮袋和调节
汞面高度的调节螺旋。

2. 福廷式气压计操作步骤

(1)福廷式气压计必须垂直放置;

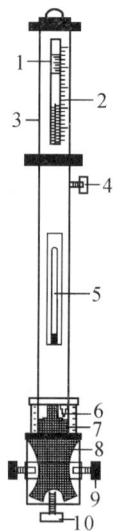

图 1-15　福廷式气压计

1—游标尺;2—读数标尺;3—黄铜管
4—游标尺调节螺旋;5—温度计
6—零度象牙针;7—汞槽;8—羚羊皮袋
9—固定螺旋;10—调节螺旋

（2）调节水银槽内汞面高度：慢慢调节汞面高度的调节螺旋，使水银槽内汞面与象牙针尖相接触；

（3）读取汞柱高度：转动游标尺螺旋，使游标尺的下沿与玻璃管中汞柱的凸面相切，按游标尺的读数方法读取汞柱高度（即大气压力汞柱高度）。

3. 气压计的校正

气压计的刻度是以 0℃、纬度 45℃ 的海平面高度为标准的。因水银密度和刻度标尺的长度等与温度有关，所以，从气压计上读取的数据除了要进行仪器误差校正外，在精密测量中还必须进行温度、纬度和海拔高度的校正。

（1）仪器误差的校正：气压计在出厂时一般附有仪器误差校正卡，每次的观察值按校正卡进行校正；

（2）温度校正：按公式②进行校正；

（3）纬度和海拔高度的校正：不同纬度（L）和海拔高度（H）时的校正计算式为

$$\Delta h_s = \Delta h_0 [1 - 2.6 \times 10^{-3} \cos(2L)] \times (1 - 3.14 \times 10^{-7} H)$$

式中：Δh_s 为校正后的汞柱高；Δh_0 为已校正到 0℃ 的汞柱高。

1.3.3　数字式压力计

由以上介绍可见，U 形压力计是由玻璃和水银等构成。易碎、污染环境，尤其用于测量真空时，不易操作。随电子元器件制造技术的迅速发展，已生产出了高精度、高质量的数字式压力计。数字式压力计是由压力传感器、测量电路和数值显示三部分组成。此类压力计操作简单，使用方便。如南京舫奥公司生产的 AF-01 低真空数字测压仪，是采用美国 Motorola 公司生产的核心芯片所组成的精密压力传感器，仪器具有良好的线性和低的温度漂移。测量范围：$-0.00 \sim -103.00$kPa，$4\frac{1}{2}$ 位数字显示。该仪器同时有 kPa 与 mmHg 单位转换功能，使用十分方便。

1.4　光学测量技术

光与物质相互作用时可以观察到各种光学现象，如光的反射、透射、色散、折射、旋光以及物质因受激发而辐射出各种波段的光等等。分析研究这些光学现象，可以提供原子、低分子、高分子、晶体等物质结构方面的大量信息。近年来随着科学技术的发展，光直接以能量的形式参与化学反应，开拓了一个全新的领域，因此各类光学特性的测量和各种光源的获得已成为化学实验技术中十分重要的一部分。本章就化学实验中常用的几种光学测量技术作一些介绍。

1.4.1 阿贝折光仪

1.基本原理

折射率测定仪的基本原理为折射定律

$$n_1 \sin \alpha_1 = n_2 \sin \alpha_2$$

式中：n_1，n_2 为交换界面两侧的两种介质的折射率；α_1 为入射角；α_2 为折射角，如图 1-16(a)所示。

若光线从光密介质进入光疏介质，入射角小于折射角，改变入射角达到 90°，此时的入射角称为临界角，本仪器测定折射率就是基于测定临界角的原理。

图 1-16(b)中当不同的角度光线射入 AB 时，其折射角都大于 i，如果用一望远镜对出射光线观察，可以看到望远镜视场被分为明暗两部分，二者之间有明显分界线。如图 1-16(c)所示，明暗分界线为临界角的位置。

图 1-16(b)中 $ABCD$ 为一折射棱镜，其折射率为 n_2。AB 上面是被测物体。

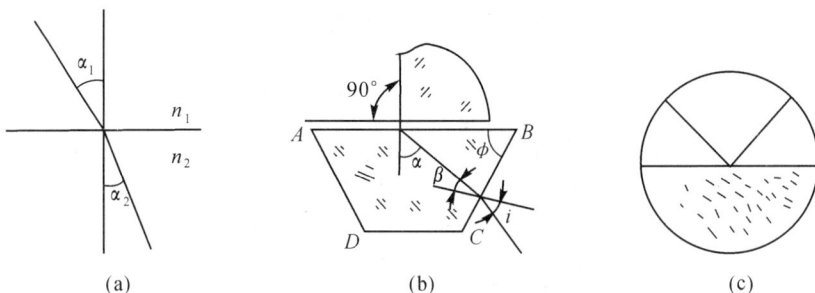

图 1-16　临界角测定原理

透明固体或液体的折射率为 n_1，由折射定律得

$$n_1 \sin 90° = n_2 \sin \alpha, \quad n_2 \sin \beta = \sin i$$

$$\phi = \alpha + \beta$$

$$n_1 = n_2 \sin(\phi - \beta) = n_2(\sin\phi\cos\beta - \cos\phi\sin\beta)$$

$$n_2^2\sin^2\beta = \sin^2 i, \quad n_2^2(1 - \cos^2\beta) = \sin^2 i,$$

$$\cos\beta = \sqrt{(n_2^2 - \sin^2 i)/n_2^2}$$

$$n_1 = \sin\phi \sqrt{n_2^2 - \sin^2 i} - \cos\phi\sin i$$

棱镜的折射角与折射率 n_2 均已知，当测得临界角 i 时，即可计算被测物质的折射率 n_1。

2.仪器结构

仪器的光学部分由望远镜系统与读数系统两部分组成,如图 1-17 所示;结构部分,如图 1-18 所示。

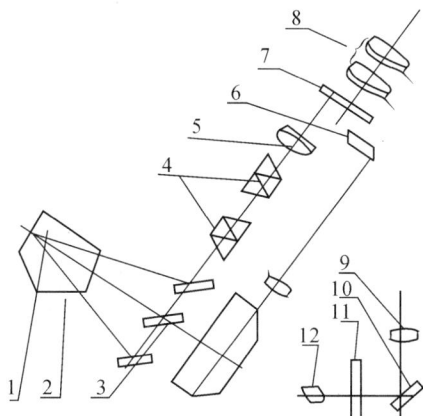

图 1-17　阿贝折光仪的光学结构

1—进光棱镜;2—折射棱镜;3—摆动反射镜;4—消色散棱镜组;5—望远物镜组

6—平行棱镜;7—分划板;8—目镜;9—读数物镜;10—反射镜;11—刻度板;12—聚光镜

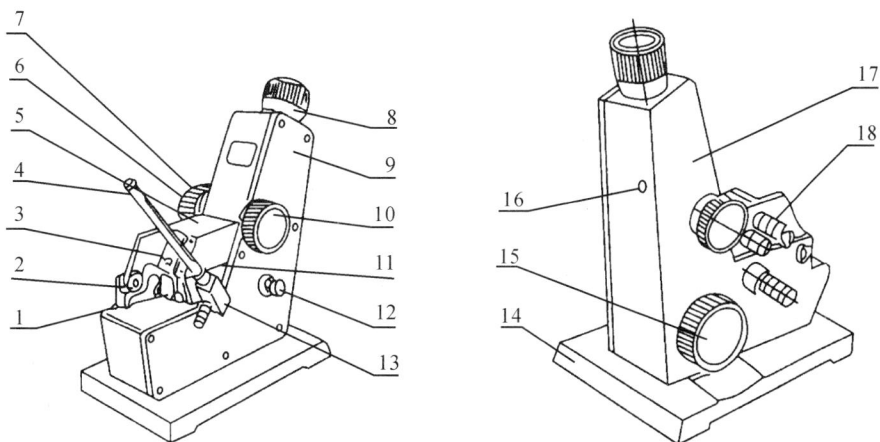

图 1-18　阿贝折光仪的外部结构

1—反射镜;2—转轴;3—遮光板;4—温度计;5—进光棱镜座;6—色散调节手轮

7—色散值刻度圈;8—目镜;9—盖板;10—手轮;11—折射棱镜座;12—照明刻度盘聚光镜

13—温度计座;14—底座;15—折射率刻度调节手轮;16—小孔;17—壳体;18—四只恒温器接头

进光棱镜 1 与折射棱镜 2 之间有一微小均匀的间隙,被测液体就放在此空隙内。当光线(自然光或白炽光)射入进光棱镜 1 时便在其磨砂面上产生漫反射,使被测液层内有各种不同角度的入射光,经过折射棱镜 2 产生一束折射角均大于出射角 I 的光线。此束光线由摆动反射镜 3 射入消色散棱镜组 4,此消色散棱镜组是由一对等色散阿米西棱镜组成,其作用是获得一可变色散来抵消由于折射棱镜对不同被测物体的色散。再由望远镜 5 将此明暗分界线成像于分划板 7 上。

光线经聚光镜 12 和照明刻度板 11,刻度板与摆动反射镜 3 连成一体,同时绕刻度中心做回转运动。通过反射镜 10,读数物镜 9,平行棱镜 6 将刻度板上不同部位折射率示值成像于分划板 7 上。

3. 使用说明

准备工作:①在开始测定前,必须先用蒸馏水或用标准试样校对读数。如用标准试样则对折射棱镜的抛光面加 1~2 滴溴代萘,再贴上标准试样的抛光面,当读数视场指示于标准试样上之值时,观察望远镜内明暗分界线是否在十字线中间,若有偏差则用螺丝刀微量旋转图 1-18 上小孔 16 内的螺钉,带动物镜偏摆,使分界线像位移至十字线中心。通过反复观察与校正,使示值的起始误差降至最小(包括操作者的瞄准误差)。校正完毕后,在以后的测定过程中不允许随意再动此部位。在日常的测量工作中,一般不需校正仪器。②每次测定工作之前和进行示值校准时,必须将进光棱镜的毛面、折射棱镜的抛光面及标准试样的抛光面用无水乙醚(1:1)的混合液和脱脂棉花轻擦干净,以免留有其他物质,影响成像清晰度和测量准确度。

测定工作:①测定透明、半透明液体。将被测液体用干净滴管加在折射棱镜表面,并将进光棱镜盖上,用手轮 10 锁紧,要求液层均匀,充满视场,无气泡。打开遮光板 3,合上反射镜 1,调节目镜视度,使十字线成像清晰,此时旋转手轮 15 并在目镜视场中找到明暗分界线的位置,再旋转手轮 6 使分界线不带任何彩色,微调手轮 15,使分界线位于十字线的中心,再适当转运聚光镜 12,此时目镜视场下方显示的示值即为被测液体的折射率。②测定透明固体。被测物体上需有一个平整的抛光面。把进光棱镜打开,在折射棱镜的抛光面上加 1~2 滴比被测物体折射率高的透明液体(如溴代萘),并将被测物体的抛光面擦干净放上去,使其接触良好,此时便可在目镜视场中寻找分界线,测量和读数的操作方法如前所述。③测定半透明固体。用上法将被测半透明固体上抛光面粘在折射棱镜 11 上,打开反射镜 1 并调整角度利用反射光束测量,具体操作方法同上。④测量不同温度的折射率。将温度计旋入温度计座 13 中,接上恒温器的通水管,把恒温器的温度调节到所需测量温度,接通循环水,待温度稳定 10min 后,即可测量。

1.4.2　旋光仪

1.基本原理

可见光是一种波长为 380～780nm 的电磁波,电磁波电矢量的振动方向可以取垂直于光波传播方向上的任意方位。利用偏振器使振动方向固定在垂直于光波传播方向的某一方位上,形成平面偏振光。当平面偏振光通过某种物质时,偏振光的振动方向会转过一个角度,这种物质叫做旋光物质,偏振光所转过的角度叫旋光度。如果平面偏振光通过某种纯的旋光物质时,旋光度的大小与下述三个因素有关:

(1) 平面偏振光的波长 λ,波长不同,旋光度不一样;

(2) 旋光物质的温度 t,不同的温度旋光度不一样;

(3) 旋光物质的种类,不同的旋光物质有不同的旋光度。

通常,用比旋光度 $[a]_{\lambda}^{t}$ 来表示某种物质的旋光能力。比旋光度 $[a]_{\lambda}^{t}$ 表示单位长度的某种旋光物质,当温度为 t℃时,对波长为 λ 的平面偏振光的旋光度。

旋光度与平面偏振光所经过的旋光物质的长度 L 有关,在温度为 t℃时,具有比旋光度为 $[a]_{\lambda}^{t}$ 的旋光物质对波长为 λ 的平面偏振光的旋光度 a_{λ}^{t} 由下式表示:

$$a_{\lambda}^{t}=[a]_{\lambda}^{t}L$$

如果旋光物质溶于某种没有旋光性的溶剂中,浓度为 c,则可得到下式:

$$a_{\lambda}^{t}=[a]_{\lambda}^{t}Lc$$

2.温度校正

通常在一定的温度范围内,旋光度随测试温度的变化而变化,并且具有良好的线性关系。即在温度为 t℃时的旋光度 a_{λ}^{t} 与温度为 20℃时的旋光度 $a_{\lambda}^{20℃}$ 及旋光温度系数 K 有如下关系:

$$a_{\lambda}^{t}=[a]_{\lambda}^{20}Lc[1+K(T-20)]$$

通过测定两个不同的温度 t_{1}℃和 t_{2}℃时的旋光度,由上式求出温度系数 K,可以进行温度校正。

3.波长校正

旋光度与使用光波的有效波长的依赖关系是十分强烈的,尽管仪器中使用了光谱灯,但是由于不可避免的谱线背景及其他原因,有效波长还是会随所使用的光源的不同,或因使用时间太久而变化,并会引起明显的测量误差,因此有必要校正有效波长。

校正使用的工具是石英校正管,标有在 589.44nm 波长时,该校正管的旋光度值为 $a_{589.44}^{20℃}$。若在温度为 t℃时,仪器测得该石英校正管的读数为

$$a_{589.44}^{t\,℃} = a_{589.44}^{20\,℃}[1+0.000144(t-20)]$$

则说明仪器光源的有效波长与 589.44nm 一致。若不一致,则必须调整在仪器中的校正波长的装置,以使测量数据与上式所得的一致,或在允许范围内。

4. 仪器结构与原理

旋光仪的结构原理如图 1-19 所示。钠灯发出的波长为 589.44nm 的单色光依次通过聚光镜、小孔光阑、场镜、起偏器、法拉第调制器、准直镜。形成一束振动平面随法拉第线圈中交变电压而变化的准直的平面偏振光,经过装有待测溶液的试管后射入检偏器,再经过接收物镜、滤色片、小孔光阑进入光电倍增管,光电倍增管将光强信号转变成电讯号,并经前置放大器放大。

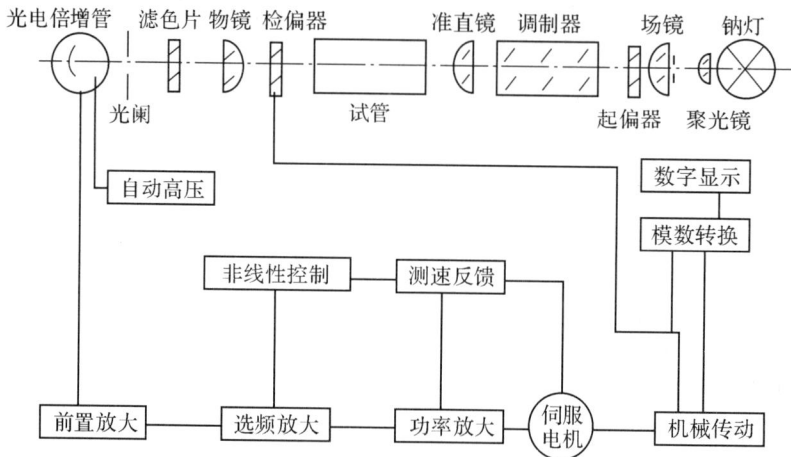

图 1-19　旋光仪的结构原理示意图

若检偏器相对于起偏器偏离正交位置,则说明有频率为 f 的交变光强信号,相应地有频率 f 的电信号,此电信号经过选频放大,功率放大,驱动伺服电机通过机械传动带动检偏器转动,使检偏器向正交位置趋近直到检偏器到达正交位置,频率为 f 的电信号消失,伺服电机停转。

仪器一开始正常工作,检偏器即按照上述过程自动停在正交位置上,此时将计数器清零,定义为零位,若将装有旋光度为 a 的样品的试管放入试样室中时,检偏器相对于入射的平面偏振光又偏离了正交位置 a 角,于是检偏器按照前述过程再次转过 a 角获得新的正交位置。模数转换器和计数电路将检偏器转过的 a 角转换成数字显示,于是,就测得了待测样品的旋光度。

5. 操作步骤

(1)接通电源,将电源开关按向上,等待 5min 使钠灯发光稳定。

(2)准备试管。

（3）将测量开关按向上，数码管将出现数字。

（4）清零。在已准备好的试管中注入蒸馏水或待测试样的溶剂后放入仪器试样
室的试样槽中，按下清零按键，使数码管示数为零。

（5）测试。除去空白试剂，注入待测样品，将试管放入试样室的试样槽中，等
到表示测数稳定的位于符号管上方的红点亮后再读取读数。

（6）复测。按下复测按键取几次测量的平均值作为测量结果。

（7）温度校正。测定试样溶液的温度，进行温度校正计算。

6. 旋光度的测定

旋光仪就是利用检偏镜来测定旋光度的。如调节检偏镜使其透光的角度与
起偏镜的透光轴向角度互相垂直，则在检偏镜前观察到的视场呈黑暗，再在起偏
镜与检偏镜之间放一个盛满旋光物质的样品管，则由于物质的旋光作用，使原来
由起偏镜出来在 OA 方向振动的偏振光转过一个 α 角度，在 OB 方向有一个分
量，所以视野不呈黑暗，必须将检偏镜也相应地转过一个 α 角度，这样，视野才能
重又恢复黑暗。因此，检偏镜由第一次黑暗到第二次黑暗的角度差，即为被测物
质的旋光度，如图 1-20 所示。

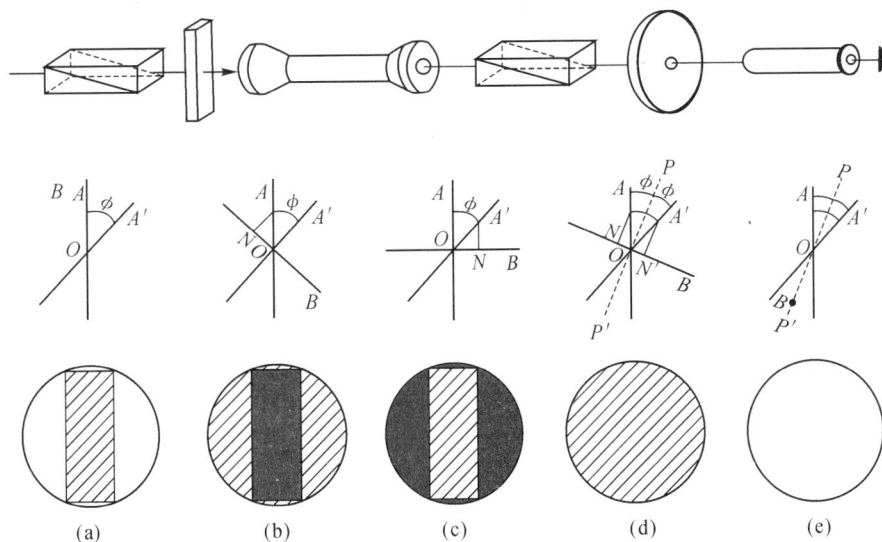

图 1-20　旋光仪的测量原理

如果没有比较，要判断视场的黑暗程度是困难的。因此设计了一种三分视野
（也有二分视野的），以提高测量的准确度。三分视野的装置和原理如下：在起偏
镜后的中部装一狭长的石英片，其宽度约为视野的 1/3，由于石英片具有旋光

性,从石英片中透过的那一部分偏振光被旋转了一角度 ϕ,如图 1-20(a)所示,此时从望远镜视野看,透过石英片的那部分光稍暗,两旁的光很强,是由于此时检偏镜的透光轴向角度处于和起偏镜重合的位置,OA 是透过起偏镜后的偏振光轴向角度,OA' 是透过石英片后的轴向角度,OA 与 OA' 的夹角 Φ 称为"半暗角"。旋转检偏镜使 OB 与 OA' 垂直,则 OA' 方向振动的偏振光不能通过检偏镜,因此如图 1-20(b)所示,视野中间一条是黑暗的,而石英片两边的偏振光 OA 由于在 OB 方向有一个分量 ON,因而视野两边较亮。同理,如调节 OB 与 OA 垂直,则视野两边黑暗、中间较亮,如图 1-20(c)所示。如果 OB 与半暗角中的等分线 PP' 垂直时,则 OA、OA' 在 OB 方向上的分量 ON 和 ON' 相等,如图 1-20(d)所示,视野中三个区内的明暗相等,此时三分视野消失,因此用这样的鉴别方法测量半暗角是最灵敏的。具体办法是:在样品管中充满(无气泡)无旋光性的蒸馏水,调节检偏镜的角度使三分视野消失,将此时的角度读作零点,再在样品管中换以被测试样,由于 OA 与 OA' 方向和振动的偏振光都补转过一个 α 角度,即为被测试样的旋光度。

从图 1-20(e)可以看出:如果将 OB 再按顺时针方向转过 90°,使 OB 与 PP' 重合,则 OA 与 OA' 在 OB 方向上的分量仍然相等,但该分量太强,整个视野显得特别亮,反而不利于判断三分视界是否消失,因此不能以这样的角度作为标准来测量旋光度。

1.5 电学测量技术

1.5.1 电导、电导率及其测定

电解质溶液依靠溶液中正负离子的定向运动而导电。其导电能力的大小常用电导 G 与电导率 κ(希腊字母,读作卡巴)表示。

设有面积为 A、相距为 ι 的两铂片电极插在电解质溶液中,根据电阻定律,测得此溶液电阻 R 可表示为

$$R = \rho \frac{\iota}{A} \qquad ①$$

式中:ρ 为电阻率,单位 $\Omega \cdot m$。

所谓电导 G,即电阻的倒数 $\left(G = \dfrac{1}{R} \right)$,代入①式,得:

$$G = \frac{1}{\rho} \cdot \frac{A}{\iota} = \kappa \frac{A}{\iota} \qquad ②$$

令 $\dfrac{\iota}{A} = K_{cell}$,则

$$\kappa = G \frac{\iota}{A} = G K_{cell} \qquad ③$$

据 SI 制，G 单位为 S（西），$1S = 1\Omega^{-1}$。κ 为电阻率倒数，称为电导率，单位为 $S \cdot m^{-1}$。K_{cell} 称为电导池常数。对电解质溶液来说，电导即相当于在电极面积为 $1m^2$、电极距离为 $1m$ 的立方体中盛有该溶液时的电导。

测电导用的电导电极，如图 1-21 所示，是两片固定在玻璃上的铂片，其电导池常数 K_{cell} 值可通过测定已知电导率的溶液（一般用各种标准浓度的 KCl 溶液）的电导按式③计算求得。

电导电极依据被测溶液电导率的大小，可有不同形式：若被测溶液电导率很低（$\kappa < 10^{-3}S \cdot m^{-1}$），可选用光亮的铂电极。若被测溶液电导率较高（$10^{-3}S \cdot m^{-1} < \kappa < 1S \cdot m^{-1}$），为防止极化的影响，可选用镀上铂黑的铂电极，以增大电极表面积、减小电流密度。若被测溶液的电导率很高（$\kappa > 1S \cdot m^{-1}$），即电阻很小，应选用 U 形电导池（图 1-22）。这种电导池两极距离较大（5～10cm），极间管径很小，所以电导池常数很大。

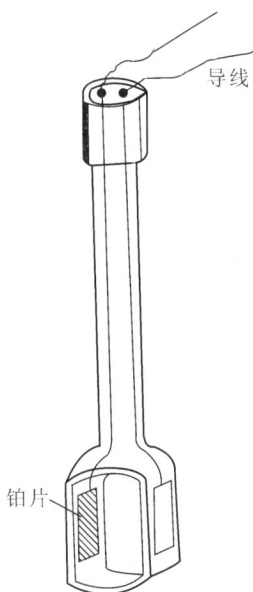

图 1-21 电导电极

1.5.2 电导率仪

电导率仪是用来测量液体电导的仪器，还可用作电导滴定，当配上适当的组合单元（如记录仪）后可达到自动记录的目的。溶液的电导在一定温度时，不仅与溶液的固有性质有关，而且与电极的截面积和距离有关。根据欧

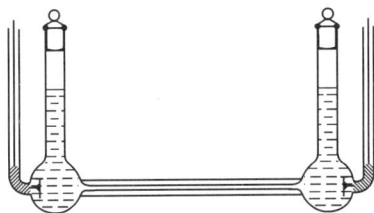

图 1-22 U 形电导池

姆定律，溶液的电导 G 与电极的截面积 A 成正比，与其距离 ι 成反比。

$$G = \kappa \frac{A}{l}$$

电导是电阻的倒数。所以，测量电导（电导率）与测量电阻的方法相同，可用电桥平衡法测量，但为了减少或消除当电流通过电极对时发生氧化或还原反应而引起的测量误差，必须采用交流电源。

如图 1-23 所示为 DDS-11A 型电导率仪的外观结构，DDS-11A 型电导率仪具有测量范围广（从 0～100 $S \cdot m^{-1}$，共分 12 档）、快速直读和操作简便等特点。

(1)准备工作。在未打开电源开关前，观察指示电表指针是否指 0，如不指 0，可调节表头上的调整螺丝，使指针指 0；将校正、测量开关拨至"校正"位置；接通

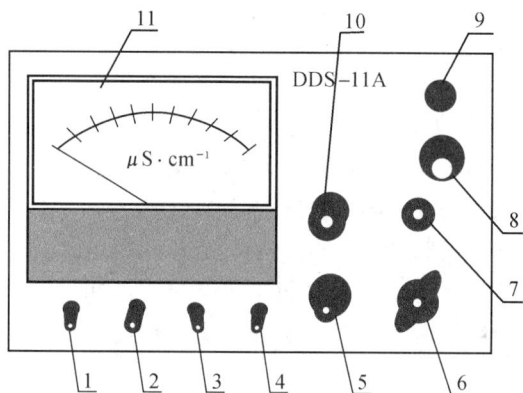

图 1-23　DDS-11A 型电导率仪

1—电源开关；2—电源指示灯；3—高、低周开关；4—校正、测量开关
5—校正调节旋钮；6—量程选择开关；7—电容补偿；8—电极插口
9—10mV 输出；10—电极常数补偿；11—读数表头

电源，仪器预热 5～10min。

（2）电极的选用。若被测液体的电导率很低（$<10^{-3}S \cdot m^{-1}$），如去离子水或极稀的溶液，可选用 DJS-1 型光亮电极，并把电极常数补偿调节到配套电极的常数值上，如电极常数为 0.95，把电极常数补偿调节到 0.95 的常数值上。

若被测液体的电导率为 $10^{-3}～1S \cdot m^{-1}$，宜选用 DJS-1 型铂黑电极，并把电极常数补偿调节到配套电极的常数值上。

若被测液体的电导率很高（$>1S \cdot m^{-1}$），以致用 DJS-1 型铂黑电极测不出时，则可选用 DJS-10 型铂黑电极。这时应将电极常数补偿调节到配套电极的常数值的 1/10 位置上。测量时，测得的读数乘以 10，即为被测溶液的电导率。

（3）将电极插入插口内，旋紧紧固螺丝。电极要用被测溶液冲洗 2～3 次，然后浸入装有被测溶液的烧杯中。

（4）校正。检查并调整测量范围选择开关，将校正、测量开关拨至"校正"位置，调整校正调节旋钮，使指示电表指针停在满刻度。注意：校正必须在电导池接妥的情况下进行。

（5）测量。将校正、测量开关拨至"测量"位置。当量程选择开关处在 1～8 量程时，把高、低周开关拨至"低周"位置，用 9～12 量程测量时，高、低周开关拨在"高周"位置。轻轻摇动烧杯使被测溶液浓度混合均匀，被测溶液的电导率即为电表指针稳定时的读数乘以量程选择开关的倍率。

测量完毕，将测量范围选择器还原至电导最大档，校正、测量开关扳到"校正"位置，关闭电源，取出电极用去离子水洗净。

（6）使用注意事项。为了保证电导读数精确，测量时应尽可能使指示电表的指针接近于满刻度；在使用过程中要经常检查"校正"是否调整准确，即应经常把校正、测量开关拨向"校正"位置，检查指示电表指针是否仍为满刻度。尤其是对高电导率溶液进行测量时，每次应在校正后读数，以提高测量精度；测量溶液的容器应洁净，外表勿受潮。当测量电阻很高（即电导很低）的溶液时，需选用由溶解度极小的中性玻璃、石英或塑料制成的容器。

1.5.3　标准电池

常用的标准电池为饱和式，其结构有 H 管型和单管型两种，如图 1-24 所示。

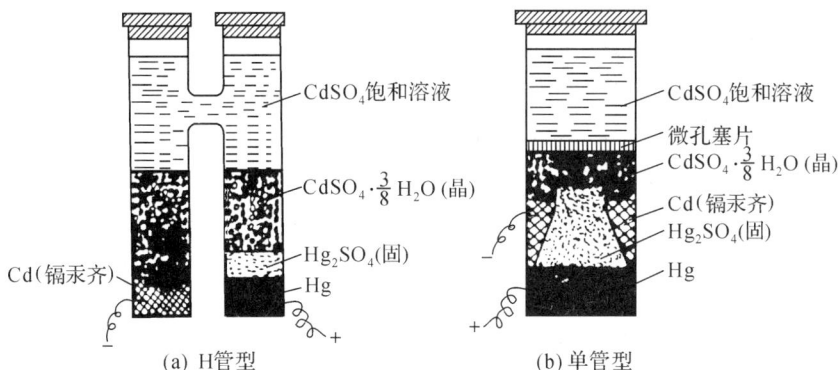

（a）H管型　　　　　　　　　　（b）单管型

图 1-24　标准电池（惠斯顿电池）

负极为镉汞齐（含 12.5％Gd），正极为汞和硫酸亚汞的胶糊，两极之间盛以硫酸镉晶体 $CdSO_4 \cdot \frac{8}{3}H_2O$ 的饱和溶液。电池内反应如下：

负极　　　　　　$Cd(汞齐) \rightarrow Cd^{2+} + 2e$

$$Cd^{2+} + SO_4^{2-} + \frac{8}{3}H_2O \rightarrow CdSO_4 \cdot \frac{8}{3}H_2O(s)$$

正极　　　　　　$Hg_2SO_4(s) + 2e \rightarrow 2Hg(l) + SO_4^{2-}$

总反应　　　　　$Cd(汞齐) + Hg_2SO_4 + \frac{8}{3}H_2O \rightarrow 2Hg(l) + CdSO_4 \cdot \frac{8}{3}H_2O$

标准电池的电动势值都基本一致，且在恒温下其值可长时间保持不变。因此，它是电化学实验中基本的校验仪器之一。

标准电池经检定后只给出 20℃ 下的电动势 $E_{s,20}$ 值，在实际测量时若温度为 t℃，其电动势 $E_{s,t}$ 按如下校正式计算：

$$E_{s,t} = E_{s,20} - 4.06 \times 10^{-5}(t-20)9.5 \times 10^{-7}(t-20)^2$$

　　尽管标准电池可逆性好,但仍应严格限制通过标准电池的电流。一般要求通过的电流应小于 $1\mu A$。因此,在测量时必须短暂、间歇地按电键,更不能用万用表等直接测其电压。标准电池严禁倒置或过分倾斜,避免振动。

1.5.4　直流电位差计

　　直流电位差计是测量电位差的仪器。它的精度高,是测量电动势的最基本的仪器。直流电位差计是根据补偿原理而设计的,它由工作电流回路、标准回路和测量回路组成。

　　目前,使用较多的是 UJ 型电位差计,如 UJ-25 型和 UJ-36 型。

1.5.4.1　UJ-25 型高电势直流电位差计

　　UJ-25 型高电势直流电位差计面板如图 1-25 所示。

　　UJ-25 型电位差计上标有 0.01 字样,表明其测量最大误差为满刻度值的 0.01%,即万分之一。它的可变电阻 R 由粗、中、细、微四挡组成,滑线电阻由六个转盘组成,所以测量读数最小值为 $10^{-6}V$。

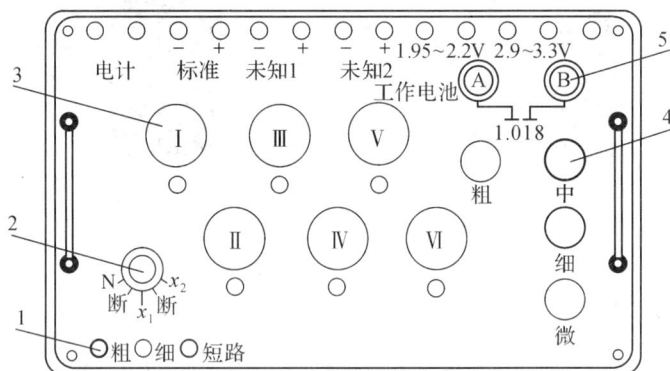

图 1-25　UJ-25 型高电势直流电位差计面板图
1—电计按钮(3 个);2—转换开关;3—电势测量旋钮(6 个)
4—工作电流调节旋钮(4 个);5—标准电池温度补偿旋钮

　　图 1-25 中的转换开关 2 尖端指在"N"处,即等于接通 E_s,如指在" x_2 "或" x_1 "处,即等于接通待测电池 E_x。面板图的左下角标有"粗"、"细"和"短路"的按钮,为电计按钮。按下"粗"按钮,表示电路通过保护电钥接通检流计 G。按下"细"按钮,表示电路不通过保护电阻接通检流计 G。"短路"按钮用来将检流计短路。当反电势与待测电势不能对消时,为防止检流计的指针被打坏,必须用保护电钥。图 1-23 右边的工作电流调节旋钮 4 有"粗、中、细、微"四挡,为可变电阻 R_0。调节这四个旋钮,实现工作电流标准化。右上角的两个旋钮 A 和 B 是两个标准

电池电动势温度补偿旋钮,中间六个电势测量旋钮具有不同的电势测量精度,其量程分别为"$\times 10^{-1}$"、"$\times 10^{-2}$"、……、"$\times 10^{-6}$",下面的一个小窗孔,显示被测电池的电动势。使用 UJ-25 型电位差计测定电动势时需将惠斯顿标准电池、工作电池(1.5V 干电池两节)分别接在 UJ-25 型高电势直流电位差计的标准和工作电池端子上,将检流计接在电计端子上。先读取环境温度,校正标准电池的电势;调节标准电池温度补偿旋钮 5 至计算值;将转换开关 2 拨至"N"处,转动工作电流调节旋钮粗、中、细,依次按下电计按钮"粗"、"细"按钮,直至检流计示零。在测量时,将待测电池接在 UJ-25 型高电势直流电位差计的未知端子上,将转换开关拨向" x_1 "和" x_2 "位置,从大到小旋转电势测量旋钮 3,按下电计按钮,直至检流计示零,6 个小窗口内读数即为待测电池的电动势。

1.5.4.2　UJ-36 型电位差计

UJ-36 型电位差计为便携式电位差计。常用于实验室中测定热电偶电位差。它的优点在于把标准电池、检流计和工作电池均装于仪器内,使用比较方便,但精度相对较低。如图 1-26 所示是 UJ-36 型电位差计面板。

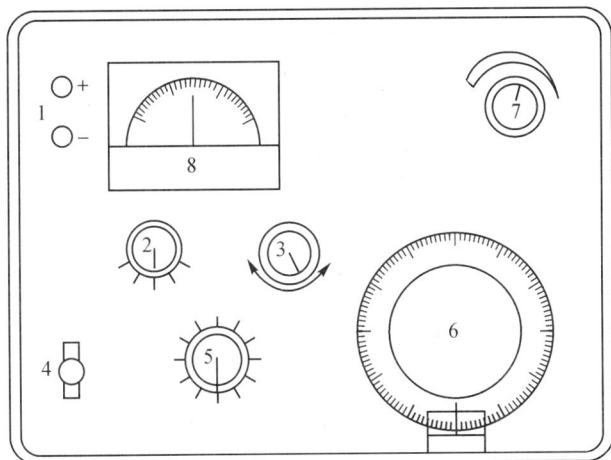

图 1-26　UJ-36 型电位差计面板图

1—未知测量旋钮;2—倍率开关;3—调零旋钮;4—转换开关
5—步进读数盘;6—滑线读数盘;7—电流调节旋钮;8—检流计

使用 UJ-36 型电位差计时应注意:

(1)将待测系统接在"未知"的接线柱上时,注意极性。

(2)在连续测量时,需经常核对工作电流,以防止其变化。

(3)仪器使用完毕后,应将倍率开关置于"断"处,转换开关时应处于中间位置。

（4）如发现旋转电流调节旋钮不能使检流计指零时，应更换 1.5V 干电池，若检流计灵敏度低，应更换 9V 层压干电池。

1.5.5　参比电极与盐桥

1.5.5.1　甘汞电极

实验室中最常用的参比电极是甘汞电极。作为商品出售的有单液接与双液接两种，其构造如图 1-27 所示。

甘汞电极的电极反应为：

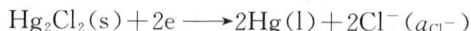

$$Hg_2Cl_2(s)+2e \longrightarrow 2Hg(l)+2Cl^-(a_{Cl^-})$$

其电极电位可表示为：

$$E_{甘汞} = E^{\ominus}_{甘汞} - \frac{RT}{F}\ln a_{Cl^-}$$

据上式可见，$E_{甘汞}$ 值仅与温度 T 与氯离子活度 a_{Cl^-} 有关。甘汞电极中所用的 KCl 溶液有 $0.1mol \cdot L^{-1}$、$1.0mol \cdot L^{-1}$ 和饱和等三种浓度，其中以饱和式最为常用（使用时溶液内应保留少许 KCl 晶体以保证饱和）。不同甘汞电极的电极电位与温度关系见表 1-4。

表 1-4　不同 KCl 浓度的 $E_{甘汞}$ 与温度关系

KCl 浓度/mol · L^{-1}	电极单位 $E_{甘汞}$/V$(t\,℃)$
饱　　和	$0.2412-7.6\times10^{-4}(t-25)$
1.0	$0.2801-2.4\times10^{-4}(t-25)$
0.1	$0.3337-7.0\times10^{-5}(t-25)$

实验中甘汞电极也可自制：在一个干净的研钵中放一定量甘汞（Hg_2Cl_2）、数滴汞与少量饱和 KCl 溶液，仔细研磨后得到白色的糊状物（在研磨过程中，如果发现汞粒消失，应再加一点汞；如果汞粒不消失，则再加一些甘汞……以保证汞与甘汞相饱和）。随后在此糊状物中加入饱和 KCl 溶液，搅拌均匀成悬浊液。将此悬浊液小心地倾入电极容器中（图 1-28），待糊状物沉淀在汞面上后，打开活塞 8，用虹吸法使上层饱和 KCl 溶液充满 U 形支管，再关闭活塞 8，即制成甘汞电极。

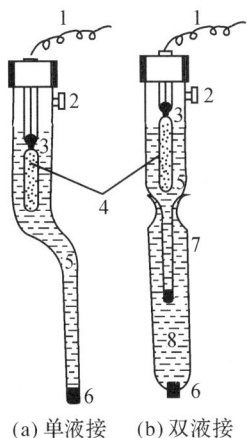

图 1-27　甘汞电极

1—导线；2—加液口；3—汞；4—甘汞；

5—KCl 溶液；6—瓷塞；7—外管；

8—外充液(KCl 或 KNO₃ 溶液)

图 1-28　甘汞电极

1—汞；2—甘汞糊状物；3—铂丝；

4—饱和 KCl 溶液；5—玻璃管；6—导线；

7—橡皮塞；8—活塞

1.5.5.2　氯化银电极

氯化银电极与甘汞电极相似，都是属于微溶盐—负离子型的电极。其电极反应与电极电位表示如下：

$$AgCl(s) + e \rightarrow Ag(s) + Cl^-(a_{Cl^-})$$

$$E_{Cl^-, AgCl, Ag} = E^{\ominus}_{Cl^-, AgCl, A} - \frac{RT}{F} \ln a_{Cl^-}$$

可见，$E_{Cl^-, AgCl, Ag}$ 也只决定于温度与氯离子活度。

制备氯化银电极方法很多。较简便的方法是取一根洁净的银丝与一根铂丝，插入 $0.1mol \cdot L^{-1}$ 的盐酸溶液中，外接直流电源与可调电阻进行电镀。控制电流密度($5mA \cdot cm^{-2}$)与通电时间(约 300s)，在作为阳极的银丝表面即镀上一层褐红色的 AgCl。用去离子水洗净，为防止 AgCl 层因干燥而剥落，可将其浸于适当浓度的 KCl 溶液中，保存待用。

氯化银电极的电极电位在高温下较甘汞电极稳定。但 AgCl 是光敏性物质，应避免由于强光照射而见光分解。当 Ag 的黑色微粒析出时，AgCl 将略呈紫黑色。

1.5.5.3　盐桥

盐桥的作用在于减小原电池的液体接界电位。

常用盐桥的制备方法如下：

在烧杯中配制一定量的 KCl 饱和溶液，再按溶液质量的 1% 称取琼脂粉浸

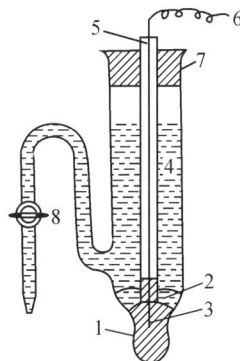

入溶液中,用水浴加热并不断搅拌,直至琼脂全部溶解。随后用吸管将其灌入 U 形玻璃管中(注意,U 形管中不可夹有气泡),待冷却后即凝成冻胶。将此盐桥浸于饱和 KCl 溶液中,保存待用。

　　盐桥内除用 KCl 外,也可用其他正负离子的电迁移率相接近的盐类,如 KNO_3、NH_4NO_3、K_2SO_4 等。具体选择时应防止盐桥中离子与原电池液发生反应,如原电池溶液中含有 Ag^+ 离子或 Hg_2^{2+} 离子,为避免沉淀产生则不能使用 KCl 盐桥,应选用 KNO_3 或 NH_4NO_3 盐桥。

1.6　无纸记录仪

　　记录仪是化学实验室中最常用的仪器之一,目前多用台式的有纸记录仪。随着微处理器、大容量存储介质和液晶显示器等先进技术的迅猛发展,无纸记录仪得到不断开发和广泛应用。浙江大学中自集成控制股份有限公司与浙江大学化学实验中心在共同探讨分析、测试改进、考核完善的基础上,联合开发了新型的 SunyLAB200 系列无纸实验记录仪。该记录仪采用智能处理、液晶显示、电子存储技术,具有精度高、功耗低、稳定性好、维护量少等特点,已成功应用于燃烧热测定、相图绘制、甲酸氧化反应动力学、乙酸乙酯皂化反应速率系数测定等实验中。

1.6.1　键　盘

　　SunyLAB200 无纸实验记录仪共有 6 个键,如图 1-29 所示。

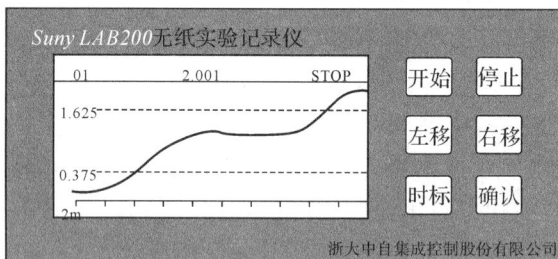

图 1-29　无纸记录仪操作面板实图

　　根据无纸实验记录仪处于不同的运行状态和组态状态下,每个键的功能也有所不同,具体功能列于表 1-5。

表 1-5　无纸记录仪的键功能

符号	功能	
	运行状态	组态状态
"开始"	采样开始	增大数值
"停止"	采样停止	减小数值
"左移"	向前查阅历史数据	向前移动光标
"右移"	向后查阅历史数据	向后移动光标
"时标"	切换时标	
"确认"	切换运行画面	确认当前操作

1.6.2　运行画面

正常运行过程中 SunyLAB200 无纸实验记录仪所显示的画面为运行画面，可分为实时和历史追忆运作画面。

1. 实时画面

系统开机后首先自动进行自检，其显示画面见图 1-30。

确认系统无误后，按"确认"键，系统进入运行画面，默认的运行画面为"实时画面"。实时画面显示的内容有本机地址、采样值、运行状态、趋势曲线、时标等。

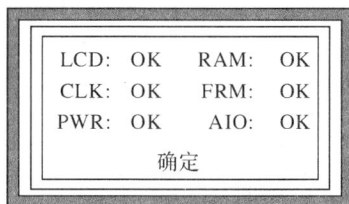

图 1-30　开机时显示画面　　　　　　　图 1-31　实时画面

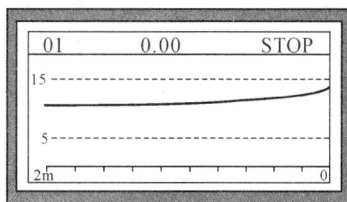

如图 1-31 所示，右上角显示 STOP，表示记录仪当前处于停止状态，即停止采样和记录。按"开始"键，记录仪开始采样（SunyLAB200B 要等待 4s 后才开始采样），运行画面如图 1-32 所示，此时右上角显示 RUN，表示现在处于采样记录状态，记录仪一边采样一边记录，当实验结束时，按"停止"键停止采样和记录。在记录仪处于 STOP 状态下，PC 机可以通过通讯电缆读取记录仪记录的历史数据。

在水平方向上对曲线进行等比例放大或缩小，共有六种时标可供选择，分别是 2m、4m、10m、20m、40m、60m，使用户能更精确地了解在某段时间内的运行曲

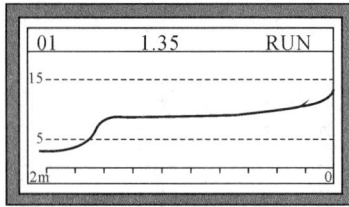

图 1-32　运行画面

线。当选择时标为 10m 时（图 1-33），则可观察 10min 内的趋势曲线，如果选择 60m，则可观察 60min 之内的趋势曲线。按"时标"键，切换到下一个时标值并显示相应的曲线。

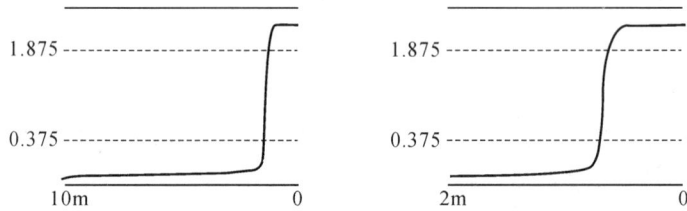

图 1-33　10m 和 2m 时标的趋势曲线

2. 追忆画面

按"确认"键切换到历史追忆画面。追忆画面能够追忆历史数据，如图 1-34 所示。屏幕上部的数值是指曲线最右侧那一时刻的测量值。按"时标"键，时标值改变并显示相应时段内的曲线。按"左移"键，曲线向前平移一个记录间隔，按"右移"键，曲线向后平移一个记录间隔，实现曲线追忆。按"确认"键，切换到实时画面。

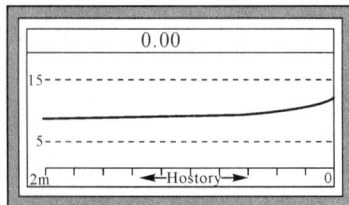

图 1-34　追忆历史数据

1.6.3　组态画面

在任意一幅运行画面下，同时按下"时标"键和"确认"键，则进入组态画面，如图 1-35 所示。

量程：-0.250~2.250
序号：01

退出

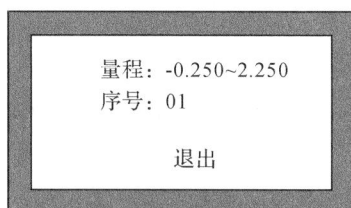

图 1-35　组态画面

　　SunyLAB200A 可以选择不同量程：0.00～5.00，0.00～10.00，0.00～20.00。此量程只对曲线显示（即放大和缩小）有效。SunyLAB200B 量程不可选择，定为：-0.250～2.250。按"左移"键或"右移"键将光标移动至相应的位置；按"开始"键或"停止"键选择量程。画面显示的序号指本台仪表的通讯地址，即和上位机通讯时代表本台仪表的地址。在联网时，每台仪表的通讯地址都独立，若有相同地址，则和上位机通讯时会出错。通讯地址的范围为 0～63。按"左移"键或"右移"键将光标移动至相应的位置；按"开始"键或"停止"键选择此仪表的通讯地址。按"左移"键或"右移"键将光标移动至"退出"，按"确认"键确认，仪表自动进入实时显示画面，退出组态。

第二章　电化学测量及应用

实验1　离子选择性电极测定含氟牙膏中氟含量

实验目的

(1)了解精密酸度计及离子选择性电极的基本结构及工作原理。

(2)掌握电位分析的一般程序。

(3)学会电位分析中标准曲线法及标准加入法两种定量分析方法。

实验原理

氟电极是常用的离子选择性电极之一,其结构如图 2-1 所示。

由氟化镧晶体制作的离子交换膜,对氟离子具有选择性。但当溶液 pH 值过高时,则 OH^- 会产生干扰,pH 值过低又会形成 HF 而降低氟离子浓度;凡能与氟离子生成稳定络合物或难溶沉淀的离子,如 Al^{3+},Fe^{3+},Ca^{2+},H^+,OH^- 等也会干扰测定。因而通常用柠檬酸钠等配制的总离子强度调节缓冲剂(TISAB),pH 值控制在 5～6 范围内,并使溶液总离子强度保持一致,以测定溶液中的氟含量。

以饱和甘汞电极为参比电极,氟离子

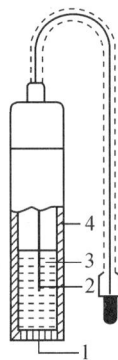

图 2-1　氟离子选择性电极结构

1—LaF_3 单晶膜;2—Ag-AgCl 电极

3—NaF-NaCXCl 内充液;4—聚四氟乙烯管

选择性电极为指示电极和含氟离子的溶液组成电池,用精密酸度计 mV 档测定电池电动势 E。氟离子浓度在 10^{-6}～10^{0} mol·L^{-1} 范围内,E 与 lg[F^-]呈线性关系,可用标准曲线法或标准加入法计算溶液中的氟含量。

仪器与试剂

1.仪器

精密酸度计,氟离子选择性电极,231型饱和甘汞电极,磁力搅拌器,容量瓶(50mL),移液管,烧杯(50mL)。

2.试剂

HNO_3(1∶99),氨水(1∶1)。

氟标准溶液(100μg·mL^{-1}):将分析纯NaF于120℃干燥2h,冷却后准确称取NaF(AR)0.2210g,溶于去离子水中,后移入1000mL容量瓶中,用去离子水稀释至刻度,摇匀,贮存于聚乙烯瓶中备用。

氟标准溶液(10μg·mL^{-1}):将上述氟标准溶液用去离子水稀释10倍即得。

离子强度调节剂(TISAB):将57mL冰醋酸、58g氯化钠、12g柠檬酸钠加入到一定量去离子水中,搅拌使之溶解;将烧杯放在冷水浴中,插入pH电极和参比电极,用1∶1氨水将溶液pH值调至5.0~5.5,放至室温,移入1000mL容量瓶,用去离子水稀释至刻度,摇匀。

实验步骤

1.标准系列溶液配制

准确移取10μg·mL^{-1}氟标准溶液0.00mL、1.00mL、2.00mL、3.00mL、4.00mL、5.00mL于一组50mL容量瓶中,各加入TISAB溶液10mL,用去离子水稀释至刻度,摇匀,即得到浓度(单位为μg·mL^{-1})分别为0.00、0.20、0.40、0.60、0.80、1.00的系列标准溶液。

2.标准曲线的绘制

分别将系列标准溶液转入50mL烧杯中,浸入氟电极和饱和甘汞电极,在电磁搅拌下,每隔半分钟读一次毫伏值(E),直至1min内读数基本不变。记录标准系列溶液的浓度和相应的毫伏值(E)。以lg[F^-]为横坐标、平衡电位值为纵坐标,用计算机计算标准曲线的回归方程。

3.样品溶液的制备

准确称取约1.0g样品(精确至0.0001g)于50mL烧杯中,加水10mL、1∶99 HNO_3 2mL,充分搅拌2~3min,过滤,滤液滤入50mL容量瓶,分别洗烧杯及滤纸3~4次,洗液并入滤液,用去离子水稀释至刻度,摇匀,制得样品测试溶液。

4.样品测定

(1)标准曲线法:于50mL容量瓶中加入样品溶液5.0mL,加入TISAB

10mL,用去离子水稀释至刻度,摇匀,全部转入 50mL 干燥烧杯中,与"标准曲线的绘制"的实验方法相同,测定其响应毫伏值 E_1,用标准曲线的回归方程计算测试溶液中的氟含量。

(2)标准加入法:在上述测试溶液中,再准确加入 $100\mu g \cdot mL^{-1}$ 氟标准溶液 0.5mL,继续测定得到 E_2;按下式计算测试溶液的氟浓度 c_x。

$$c_x = \Delta c / (10^{\Delta E/S} - 1)$$

式中: $\Delta c = c_s V_s / V_x$, c_s 为标准溶液浓度($\mu g \cdot mL^{-1}$),V_s 为加入标准溶液体积(mL),V_x 为测定溶液体积(mL);S 为电极能斯特响应斜率;$\Delta E = E_2 - E_1$。

注意事项

(1)氟电极在使用前,宜在去离子水中浸泡活化数小时,使其空白电位在 $-300mV$ 以下。

(2)测定时,应从低浓度到高浓度的次序进行,每测定完一溶液,应用去离子水冲洗电极,并用滤纸吸干电极上的水分。

(3)在高浓度溶液中测定后,应立即在去离子水中将电极清洗至空白电位值,才能测定低浓度溶液,否则将因迟滞效应影响测定准确度。

(4)电极不宜在浓溶液中长时间浸泡。每次使用完后,应将它清洗至空白电位值方能存放,否则会因电极膜钝化而影响检测下限。

实验结果和讨论

用标准曲线法和标准加入法测定溶液中的氟含量,并根据样品取样量及稀释倍数计算出样品中氟含量($mg \cdot g^{-1}$)。

思考题

(1)用离子选择性电极测得的是 F^- 离子的活度还是浓度?若要测得 F^- 离子的浓度,应该采取哪些步骤?

(2)总离子强度调节缓冲剂的作用原理是什么?它包括哪些组分?各组分的作用是什么?

(3)电极响应斜率如何测定?

(4)试述本实验中样品处理的过程,其原理是什么?

实验 2 氟离子选择电极测定饮用水中氟离子含量

实验目的

(1)通过比较标准曲线法和标准加入法的实验结果,引证前者测定的是离子活度或浓度(极稀溶液中),后者测定的是总浓度。

(2)了解并初步掌握离子选择性电极作指示电极的检测技能。

实验原理

根据《环保法》的水质标准规定,饮用水中氟浓度不得超过 $1.0mg \cdot L^{-1}$,适宜的氟浓度是 $0.5 \sim 1.0mg \cdot L^{-1}$。而在 $10^{-6} \sim 10^{0} mg \cdot L^{-1}$ 范围内,氟离子选择电极的电极电位与 pF 呈线性关系。所以,通过测量待测电池的电动势即可测定 F^- 活度或浓度。

待测电池电动势:

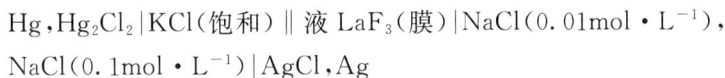

$$Hg, Hg_2Cl_2 | KCl(饱和) \| 液 \quad LaF_3(膜) | NaCl(0.01mol \cdot L^{-1}),$$
$$NaCl(0.1mol \cdot L^{-1}) | AgCl, Ag$$

(氟离子电极)

$$E = \varphi_{F^- 极} - \varphi_{Hg_2Cl_2/Hg}$$

$$= \varphi_{AgCl/Ag} + K - \frac{2.303RT}{nF} \lg \alpha_{F^-} - \varphi_{Hg_2Cl_2/Hg}$$

$$= \varphi_{AgCl/Ag} + K - \varphi_{Hg_2Cl_2/Hg} - \frac{2.303RT}{nF} \lg \alpha_{F^-}$$

即 $E = K(常数) - \frac{2.303RT}{nF} \lg \alpha_{F^-}$

式中:E 为待测电动势;K' 决定于氟离子选择电极的内参比电极、电极膜及外参比电极电位;α_{F^-} 为 F^- 的活度。

仪器与试剂

1. 每组所需试剂及仪器

(1)F^- 标准溶液($10\mu g \cdot mL^{-1}$)500mL;

(2)精密酸度计 1 台;

(3)磁力搅拌器 1 台;

(4)50mL 容量瓶 10 只;

(5)50mL 聚乙烯塑料杯 11 只;

(6)50mL 滴定管、滴定台各 1 只;

(7)氟离子选择电极 1 支;

(8)232 型甘汞电极 1 支;

(9)10mL 吸量管 1 支。

2. 公用试剂及仪器

(1)氟离子标准溶液($100\mu g \cdot mL^{-1}$氟):准确称取于 $110 \sim 120℃$ 干燥 2h 并

冷却的分析纯 NaF 0.221g,溶于蒸馏水,转入 1000mL 容量瓶中,稀释至刻度,贮于聚乙烯瓶中。

(2)离子强度调节缓冲液:于 1000mL 烧杯中,加 500mL 水、57mL 冰醋酸、58g 氯化钠、12g 柠檬酸钠($Na_3C_6H_5O_7 \cdot 2H_2O$),搅拌使溶解。将烧杯放在冷水浴中,缓缓加入 $6mol \cdot L^{-1}$ NaOH 溶液至 pH 为 5.0～5.5(用 pH 计指示),冷却,用水稀释到 1000mL。

(3)饮用水样品:10000mL。

(4)饱和 KCl:500mL。

(5)1.00mL 移液管 1 支。

实验步骤

(1)根据酸度计操作规程调整仪器。

(2)安装并洗涤电极:将氟离子选择电极及甘汞电极夹入电极夹(必须摘去电极的橡皮套),甘汞电极接"＋",氟离子选择电极接"－",并将电极浸入去离子水中,按下"读数"开关,开启搅拌器,洗涤电极至电动势示值在 －240mV 以上,即可停止洗涤,待用。

(3)测定:

①标准曲线法:用吸量管吸取 $10\mu g \cdot mL^{-1}$ 的氟标准液 0.00、0.20、0.40、0.60、1.00、2.00、4.00、6.00、10.00mL 分别置于 50mL 容量瓶中,逐个加入离子强度调节缓冲液 10mL,稀释至刻度,摇匀,即得氟离子浓度分别为:0.00、0.04、0.08、0.12、0.20、0.40、0.80、1.20、2.00mg · mL^{-1} 的系列标准溶液。将氟系列标准溶液分别转入 50mL 塑料杯中,在磁力搅拌器搅拌下由低浓度到高浓度进行测定,读取平衡电动势,记入表内。

取饮用水样品 25.00mL 于 50mL 容量瓶中,加 10mL 离子强度调节缓冲液,稀释至刻度,摇匀,全部转移到预先干燥的塑料杯中,在与标准系列相同条件下测定 E_x。

在半对数表上作 mV-[F$^-$]图,即得标准曲线。在标准曲线上查得 E_x,所对应氟浓度 A,计算:

$$氟浓度(mg \cdot L^{-1}) = A \times 50/25$$

②标准加入法:于 50mL 容量瓶中加 25.00mL 水样,加离子强度调节缓冲液 10mL,用水稀释到刻度,摇匀,全部倒入预先干燥的塑料杯中,测得电动势 E_1(同 E_x)。

在已经测得 E_1 的溶液中准确加入 1.00mL 浓度为 $100\mu g \cdot mL^{-1}$ 的氟标准液,继续测得 E_2。计算:

$$氟浓度(mg \cdot mL^{-1}) = \Delta c (10^{\Delta E/S} - 1)$$

式中：$\Delta E = E_2 - E_1$；$\Delta c = (c_标 / V_标)/V_样$。

测定毕，洗涤电极，关闭电源，洗净仪器，整洁台面，实验毕。

思考题

(1)测定 F^- 为什么要从低浓度开始到高浓度？测定标准曲线电动势后，测未知水样电动势，为什么要重新洗涤电极？

(2)用标准曲线法测定电动势时，可用少量溶液洗涤烧杯和电极，但在标准加入法中，则不能用溶液润洗，为什么？

(3)测定电动势全过程中，搅拌速度必须保持不变，为什么？

实验 3　电位滴定法测定卤离子混合液中的氯、溴、碘

实验目的

用电位滴定法测定混合液中 Cl^-、Br^-、I^- 的浓度，了解电位滴定法的原理和测定方法。

实验原理

以银电极为指示电极、217 型双盐桥饱和甘汞电极为参比电极，与被测卤离子溶液组成电池，用 pH/mV 计测定滴加 $AgNO_3$ 标准溶液时电池的电动势变化。以电动势对滴加的 $AgNO_3$ 溶液的体积作图得电位滴定曲线，由电位滴定突跃确定化学计量点（等当点）。滴定过程中发生以下化学反应：

$$Ag^+ + X^- \longrightarrow AgX \downarrow$$

由于 　　　　$E_{Ag^+/Ag} = E^{\ominus}_{Ag^+/Ag} + 0.059 \lg [Ag^+] \ (25\,℃)$

电池电动势 $E_池 = E_{Ag^+/Ag} - E_甘$

　　　　　　$= E^{\ominus}_{Ag^+/Ag} - E_甘 + 0.059 \lg [Ag^+]$

式中：$E^{\ominus}_{Ag^+/Ag}$ 为银标准电极电位，可从标准电极电位表上查得；$E_甘$ 为饱和甘汞电极的电极电位；$E_池$ 为电池电动势。

滴定卤离子混合溶液时，由于

$$K_{sp(AgI)} \ll K_{sp(AgBr)} < K_{sp(AgCl)}$$

故先生成 AgI 沉淀，再生成 AgBr 沉淀，最后生成 AgCl 沉淀，产生三次电位突跃，因此可分别确定三个化学计量点。在滴定过程中，沉淀对卤离子的吸附很严重，故加入凝聚剂 NH_4NO_3 以减少共沉淀，从而提高了滴定分析的准确度。

　　用指示剂法确定上述卤离子混合液滴定的化学计量点是困难的。其原因有：缺少合适的指示剂；AgBr 和 AgCl 的 K_{sp} 相差不大，滴定突跃较小，难以准确确定化学计量点。

仪器与试剂

1. 仪器

精密型酸度计，配以银电极和 217 型双盐桥饱和甘汞电极。

磁力搅拌器及搅拌磁子。

10mL 滴定管、10mL 移液管各 1 支。

2. 试剂

NaCl（基准试剂）。

AgNO₃ 溶液（0.1mol·L⁻¹）：溶解 8.5g AgNO₃ 于 500mL 无 Cl⁻ 的蒸馏水中，贮存于棕色试剂瓶中。

NH₄NO₃（分析纯）。

实验步骤

　　(1)按 pH—mV 计的使用说明调节好仪器，选择—mV 档，预热 0.5h 使用。

　　(2)NaCl 标准溶液（0.05mol·L⁻¹）的配制：准确称取 NaCl 约 0.3g，用水溶解后转入 100mL 容量瓶，稀至刻度，摇匀，计算 NaCl 的浓度。

　　(3)AgNO₃ 溶液的标定：用 10mL 移液管移取 NaCl 标准溶液 1 份，放入 50mL 小烧杯中，加入 20mL 水，放进搅拌磁子，将电极浸入溶液中。甘汞电极接 pH/mV 计的（＋）极，银电极接（—）极，开动搅拌器（注意：不要使磁子触到电极），搅匀后测量电池电动势。

　　在 10mL 滴定管中装入 AgNO₃ 溶液，开始滴定。滴加一定体积的 AgNO₃ 溶液，测一次电动势（为了做到心中有数，可先进行粗测，了解一下电位突跃的位置，再进行正滴定）。滴定开始时和结束前，每次加入的 AgNO₃ 溶液的体积可以多一些（例如，每次滴加 1mL 或 0.5mL）。在化学计量点附近，每次滴加 0.10mL，测一次电动势。按电位突跃确定 AgNO₃ 浓度。

　　(4)卤离子混合液的滴定：取卤离子混合溶液 10mL，加入 1g NH₄NO₃、20mL 水。将 pH/mV 计设定为＋mV 档，按实验步骤 3 的方法进行滴定，滴定到三次突跃全部出现后为止。

　　(5)每滴定完一份溶液后，需将附着在电极上的沉淀洗净后再用。实验结束后，洗净电极，关好仪器。

实验数据及处理

　　(1)以标定 AgNO₃ 溶液时测得的电池电动势（mV）对 AgNO₃ 溶液的体积

(mL)作图得滴定曲线,计算 AgNO₃ 的浓度。

(2)以滴定卤离子混合液时测得的电池电动势(mV)对 AgNO₃ 溶液的体积(mL)作图得滴定曲线,计算卤离子混和液中 Cl⁻、Br⁻、I⁻的浓度(mol·L⁻¹)。

思考题

(1)滴定卤离子混合液中的 Cl⁻、Br⁻、I⁻时,能否用指示剂法确定三个化学计量点?为什么?

(2)本实验中对被滴溶液的酸度有何要求?为什么?

实验 4　电位滴定法测定铜(Ⅱ)－磺基水杨酸络合物的稳定常数

实验目的

(1)了解用电位滴定法测定金属离子与弱碱性配位体形成的络合物的稳定常数的原理和方法。

(2)掌握测定步骤和实验数据的处理方法。

(3)熟练掌握酸度计的操作和应用。

实验原理

Cu^{2+} 与磺基水杨酸(以 H_3L 表示)可生成两种络合物形式:CuL^-、CuL_2^{4-},它们的络合常数分别为:

$$K_1 = \frac{[CuL^-]}{[Cu^{2+}][L^{3-}]}$$

$$K_2 = \frac{[CuL_2^{4-}]}{[CuL^-][L^{3-}]}$$

由于 K_1 和 K_2 相差较大($K_1/K_2 \geqslant 10^{2.8}$),当 $[CuL^-]=[Cu^{2+}]$,即平均配位体数 $\bar{n}$ 为 0.5 时,有

$$\lg K_1 = -\lg[L^{3-}]_{\bar{n}=0.5}$$

当 $[CuL_2^{4-}]=[CuL^-]$,即平均配位体数 $\bar{n}$ 为 1.5 时,有

$$\lg K_2 = -\lg[L^{3-}]_{\bar{n}=1.5}$$

若根据实验数据作 $\bar{n}$-$\lg[L^{3-}]$ 曲线,可直接从图上得到 $\bar{n}=0.5$、$\bar{n}=1.5$ 的 $-\lg[L^{3-}]$ 值,即 $\lg K_1$ 和 $\lg K_2$。

本实验采用 pH 电位法测定平均配位体数 $\bar{n}$，方法如下：

磺基水杨酸的离解常数 $pK_{a_2} = 2.6$，$pK_{a_3} = 11.6$。在酸碱滴定中，它作为二元酸被碱中和：

$$H_3L + 2OH^- = HL^{2-} + 2H_2O$$

若溶液中有 Cu^{2+} 存在时，由于 Cu^{2+} 与磺基水杨酸形成络合物而使磺基水杨酸得到强化，它可以作为三元酸被碱中和：

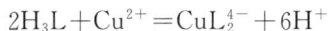

$$2H_3L + Cu^{2+} = CuL_2^{4-} + 6H^+$$

取同量磺基水杨酸两份，其一以 NaOH 标准溶液滴定，得滴定曲线 1（图 2-2）；其二加入一定量 Cu^{2+}（Cu^{2+} 的加入量少于磺基水杨酸的量），再用 NaOH 标准溶液滴定，得滴定曲线 2（图 2-2）。进行以下数学处理。

（1）求出在不同 pH 下与 Cu^{2+} 络合的磺基水杨酸的浓度 $[L]_{络合}$。在同一 pH 值下，从图 2-2 上读出曲线 1（无 Cu^{2+} 存在时）对应的 NaOH 毫升数 V_1、曲线 2（有 Cu^{2+} 存在时）对应的 NaOH 毫升数 V_2，则 $V_2 - V_1$ 即为由于络合反应放出的酸所消耗的 NaOH 毫升数，因此可算得 $[L]_{络合}$

$$[L]_{络合} = \frac{(V_2 - V_1)c_{NaOH}}{V_{总}}$$

式中：c_{NaOH} 为 NaOH 标准溶液的浓度（$mol \cdot L^{-1}$），$V_{总}$ 为此时溶液的总体积（mL）。

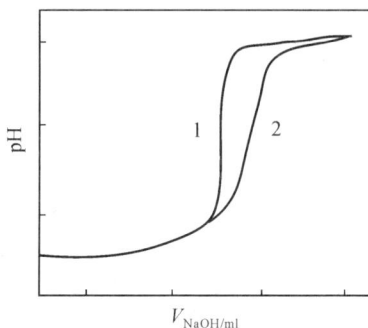

图 2-2　NaOH 溶液滴定 Cu^{2+}－磺基水杨酸络合物溶液的滴定曲线

曲线 1 为无 Cu^{2+} 存在时的滴定曲线；曲线 2 为有 Cu^{2+} 存在时的滴定曲线

（2）按平均配位体数的定义计算不同 pH 下的 $\bar{n}$ 值：

$$\bar{n} = \frac{[L]_{络合}}{c'_{Cu^{2+}}}$$

式中：$c'_{Cu^{2+}}$ 为此时溶液中 Cu^{2+} 标准溶液的浓度，它可由下式算得：

$$c'_{Cu^{2+}} = \frac{c_{Cu^{2+}} V_{Cu^{2+}}}{V_{总}}$$

式中：$c'_{Cu^{2+}}$ 为 Cu^{2+} 标准溶液的浓度($mol \cdot L^{-1}$)，$V_{Cu^{2+}}$ 为加入的 Cu^{2+} 标准溶液的体积(mL)。

(3)计算不同 pH 下游离磺基水杨酸根的浓度$[L^{3-}]$。

$$[L^{3-}] = \frac{c'_L - [L]_{络合}}{a_{L(H)}}$$

式中：c'_L 为磺基水杨酸的总浓度，它可通过所取磺基水杨酸的起始浓度 c_L、体积 V_L 计算：

$$c'_L = \frac{c_L V_L}{V_{总}}$$

$a_{L[H]}$ 是磺基水杨酸的酸效应系数：

$$a_{L(H)} = 1 + [H^+]K_1^H + [H^+]^2 K_1^H K_2^H$$

其中　　　　　　　$K_1^H = 1/K_{a_3}$；$K_2^H = 1/K_{a_2}$

(4)以不同 pH 下的 $\bar{n}$ 对 $\lg[L^{3-}]$ 作图，从曲线上查出 $\bar{n}$ 为 0.5 和 1.5 时所对应的 $-\lg[L^{3-}]$ 值，即得到 $\lg K_1$ 和 $\lg K_2$。

本实验以玻璃电极与甘汞电极组成电池；用精密酸度计测量滴定过程的 pH。溶液的离子强度以 $NaClO_4$ 调节为 0.1。

以 pH 电位法测定络合物形成常数的方法，适用于配位体是弱酸根(或弱碱)的情况。若配位体质子化倾向太强或生成络合物太稳定，则不能使用此法。络合反应速度太慢也不宜采用此法。

仪器与试剂

1. 仪器
精密酸度计。

2. 试剂
磺基水杨酸：分析纯，$0.1 mol \cdot L^{-1}$。

NaOH 标准溶液：$0.1 mol \cdot L^{-1}$。

Cu^{2+} 标准溶液：$0.01 mol \cdot L^{-1}$，用 $CuSO_4 \cdot 5H_2O$ 配制，用碘量法测铜方法标定。

$NaClO_4$ 溶液：$0.2 mol \cdot L^{-1}$。

实验步骤

(1)按 pH 计的使用说明调整好仪器，选择 pH 档，装上玻璃电极(接"一"极)和饱和甘汞电极(接"＋"极)，使仪器预热 0.5h 以上，用 pH6.88(20℃)的标准缓冲溶液校准 pH 计。

（2）用移液管分别移取 5.00mL 0.1mol · L^{-1} 磺基水杨酸、20mL 0.2 mol · L^{-1} $NaClO_4$、25mL 去离子水到 100mL 烧杯中，加入搅拌磁子，在磁力搅拌器上使溶液搅匀，测量 pH 值。用 10mL 滴定管，装入 NaOH 标准溶液，进行滴定。开始时，每加 1mLNaOH，测定一次 pH 值，以后逐渐减少每次滴加的 NaOH 体积。近终点时，每滴加 0.05mLNaOH，测定一次 pH 值。以 pH 值对 V_{NaOH} 作图得曲线 1，确定磺基水杨酸的准确浓度。

（3）用移液管分别移取 5.00mL 0.1mol · L^{-1} 磺基水杨酸溶液、20mL 0.2mol · $L^{-1}NaClO_4$ 标准溶液、15mL 去离子水到 100mL 烧杯中，按实验步骤 2 的方法用 NaOH 标准溶液滴定。在同一图上作滴定曲线 2。

（4）按下表处理实验数据：

Cu^{2+}—磺基水杨酸络合物的稳定常数测定的数据处理表

pH	V_2-V_1	$[L]_{络合}$	$\bar{n}$	$lga_{L(H)}$	$lg[L^{3-}]$

（5）以 $\bar{n}$ 对 $lg[L^{3-}]$ 作图，从图上确定 lgK_1、lgK_2 的值，并与手册上查得的数据进行比较。

用插入法处理数据可免去作图步骤。

思考题

（1）为什么只有当 $K_1/K_2 \geqslant 10^{2.3}$ 时，才可以用本法测定 K_1 和 K_2？

（2）本实验方法为什么只适用于配位体是弱酸根（或弱碱）的情况？为什么配位体质子化倾向太强或生成的络合物太稳定，不能采用本实验方法测定稳定常数？

（3）本实验测得的稳定常数 K_1 和 K_2 是活度常数、浓度常数还是混合常数？这些常数之间如何互相换算？

（4）为什么要用 $NaClO_4$ 调节溶液的离子强度？

实验 5　电导的测定及其应用

实验目的

(1)掌握溶液的电导、电导率和摩尔电导率的概念。

(2)掌握交流平衡电桥法测量溶液电导的实验方法。

(3)测量弱电解质溶液的摩尔电导率，计算弱电解质的解离度和解离平衡常数。

实验原理

电导率是电解质溶液的特性。溶液电导的测定在化学领域中应用很广,不仅可评估电解质溶液的导电能力、检验水的纯度,还能测求弱电解质在水中的解离度、解离平衡常数、微溶盐的溶解度和溶度积,计算水的离子积。在化学反应动力学中,常用测定反应系统的电导随时间的变化数据来建立反应速率方程。分析化学中用电导测定确定滴定的终点,即电导滴定。

测定电解质溶液的电导常用的方法有平衡电桥法、电阻分压法、高电压或高频率法。电阻分压法用在电极反应可逆的场合,对于导电性较差的多相体系的电导测量以及准确度不很高的溶液电导测量也可应用电阻分压法。高电压或高频率法只用于特殊的电导研究,如离子氛对离子导电的影响等。本实验用平衡电桥法。

1.电解质溶解的电导、电导率和摩尔电导率

对于电解质溶液,常用电导表示其导电能力的大小。电导 G 是电阻 R 的倒数,即

$$G = \frac{1}{R}$$

电导的单位是西门子(Siemens),常用 S 表示。

根据物理学知识,电导与导体的面积 A、导体的长度 l 的关系为:

$$G = \kappa \frac{A}{l}$$

对电解质溶液,常用两片固定在玻璃上的平行的电极组成电导池,浸入待测的电解质溶液中测定其电导,故称 $\frac{l}{A}$ 为电导池常数;用 K_{cell} 表示。所以 $\kappa = GK_{cell}$。K_{cell} 可用已知电导率的电解质溶液标定。

摩尔电导率 Λ_m 是指当两电极间距离为 1m 时,1mol 电解质的溶液所具有的电导,单位为 S·m²·mol^{-1}。它与电导率的关系为:

$$\Lambda_m = \frac{\kappa}{c}$$

式中:c 为电解质溶液的摩尔浓度。

电解质溶液是依靠溶液中正负离子的定向运动而导电,在弱电解质溶液中,只有已电离部分才能承担传递电量的任务。在无限稀释的溶液中,可认为弱电解质已全部电离,此时溶液的摩尔电导率为 Λ_m^∞,而且可用离子极限摩尔电导率相加得到。

一定浓度下的摩尔电导率 Λ_m 与无限稀释的溶液中的摩尔电导率 Λ_m^∞ 是有

差别的。这由两个因素造成:电解质溶液的不完全电离和离子间存在的相互作用力。因此,Λ_m 通常称为表观摩尔电导率,Λ_m^∞ 与 Λ_m 之间存在下列关系:

$$\frac{\Lambda_m}{\Lambda_m^\infty} = \alpha$$

式中:α 为解离度。

AB 型弱电解质在溶液中电离达到平衡时,解离平衡常数为 K_c,浓度为 c,电离度 α 有以下关系:

$$K_c = \frac{c \cdot \alpha^2}{1 - \alpha}$$

$$K_c = \frac{c \cdot (\Lambda_m)^2}{\Lambda_m^\infty (\Lambda_m^\infty - \Lambda_m)}$$

此式称为 Ostwald 定律,它可以改写成如下形式:

$$c\Lambda_m = \frac{K_c (\Lambda_m^\infty)^2}{\Lambda_m} - K_c \Lambda_m^\infty$$

这是一个线性方程,若将 $c\Lambda_m$ 对 $1/\Lambda_m$ 作图,应得一条直线,直线的斜率为 $K_c(\Lambda_m^\infty)^2$,截距为 $-K_c\Lambda_m^\infty$,由此可求 Λ_m^∞ 和 K_c。

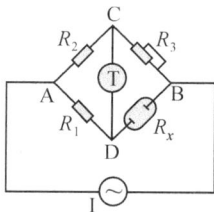

图 2-3 平衡电桥法测量原理图

R_1、R_2、R_3—电阻;R_x—电导池待测电阻

I—高频交流电源;T—平衡检测器

2. 平衡电桥法

原理见图 2-3。R_x 为装在电导池内待测的电解质溶液的电阻。桥路的电源 I 应用较高频率的交流电源。T 为平衡检测器,可应用示波器或耳机。根据电桥平衡原理,通过调节 R_1、R_2、R_3 电阻值,待电桥平衡时,即桥路输出电位 U_{CD} 为零时,可从下式求出 R_x:

$$R_x = \frac{R_1}{R_2} \cdot R_3$$

为减少测定 R_x 的相对误差,在实际工作中常用等臂电桥,即 $R_1 = R_2$。

3. 溶液电导率的测定

溶液的电导率一般用电导率仪配以电导池测定,电导池又称为电导电极。电导池常数一般用已知电导率的溶液标定,常用的溶液是各种标准浓度的 KCl

溶液。

本实验采用电导率仪直接测量弱电解质溶液(乙酸溶液)的电导率。

仪器与试剂

1.仪器

音频振荡器 1 台;示波器(ST16B)1 台;电导率仪 1 台;大试管 2 只;铂黑电极 1 支;转盘电阻箱 3 只;恒温槽装置 1 套;50mL 移液管 4 支;100mL 容量瓶 4 个;洗耳球 1 只;废液杯 1 只。

2.试剂

$0.02\text{mol} \cdot \text{L}^{-1}$ 标准 KCl 溶液,0.1M 标准乙酸溶液。

实验步骤

1.测定电导池常数

调整恒温槽的温度为 $25 \pm 0.1\,^{\circ}\text{C}$,大试管和铂黑电极用 $0.02\text{mol} \cdot \text{L}^{-1}$ 的 KCl 溶液荡洗三次,然后加入一定量的 $0.02\text{mol} \cdot \text{L}^{-1}$ KCl 溶液,并插入电极置于恒温水浴中(其液面低于水浴液面)。接好测量电桥线路,恒温 10~15min 后,接通音频电源,转动转盘电阻箱,使得示波器显示一条直线为止。也可适当调节 R_1、R_2 进行测定。每种溶液须用不同的 R_1、R_2 值测定三次,测定时经常摇动电导池,至三次测定值接近为止,取其平均值。

2.测定乙酸溶液的电导

用与测定 KCl 溶液电阻相同的方法从稀到浓测出不同浓度乙酸溶液的电阻(即 $0.1/16\text{mol} \cdot \text{L}^{-1}$,$0.1/8\ \text{mol} \cdot \text{L}^{-1}$,$0.1/4\ \text{mol} \cdot \text{L}^{-1}$,$0.1/2\ \text{mol} \cdot \text{L}^{-1}$,$0.1\ \text{mol} \cdot \text{L}^{-1}$)。各种浓度的 HAc 的溶液可用下列方法稀释而得:用移管取 50mL $0.1\ \text{mol} \cdot \text{L}^{-1}$HAc 溶液于 100mL 容量瓶中,用电导水稀释至刻度,并摇均匀,即得 $0.1/2\ \text{mol} \cdot \text{L}^{-1}$ 的 HAc 溶液。再取另一支 50mL 移液管从配好的 $0.1/2\ \text{mol} \cdot \text{L}^{-1}$ 的容量瓶中取 50mL 到另一只 100mL 容量瓶中,用电导水稀释至刻度,并摇均匀。以此类推,可得到浓度为 $0.1/2\ \text{mol} \cdot \text{L}^{-1}$、$0.1/4\ \text{mol} \cdot \text{L}^{-1}$、$0.1/8\ \text{mol} \cdot \text{L}^{-1}$、$0.1/16\ \text{mol} \cdot \text{L}^{-1}$ 的乙酸溶液的电导。

3.测定电导水的电导率

倒去乙酸溶液,用电导水荡洗三次,然后在电导池中加入适量的电导水,用电导率仪测出电导水的电导率。(注:选择测量频率时,若电导率高于 $300\mu s/\text{cm}$,则选择高周,否则选择低周)

实验完毕,关闭电源,拆去电路,用去离子水洗净电导电极,并将其浸入去离子水中。

注意事项

(1)普通蒸馏水是电的不良导体,但由于含有杂质,例如氨、二氧化碳等,它的电导变得相当大,以至在精密研究中会影响测量结果,当测定稀溶液或弱电解质溶液的电导时,会引起相当大误差,为了得到精确的结果,必须用电导水。电导水,其电导率通常为 10^{-6} 或更小。

(2)所用电导电极通常为镀铂黑的铂电极。镀铂黑是为了减少由交流电所引起的极化效应,因铂黑的表面积大,降低了电流密度,就消除了极化电动势,并降低了电容的干扰。

实验数据及处理

温度:＿＿＿＿＿C;大气压:＿＿＿＿＿Pa

(1)计算电导池常数。(已知 25C 时,0.02 mol·L^{-1}KCl 溶液的电导率为 0.2765S·m^{-1},而 0.01 mol·L^{-1} 的 KCl 标准溶液在 25C 和 30C 时的电导率分别为 0.1413S·m^{-1} 和 0.1552S·m^{-1})

(2)计算各种浓度乙酸的电导率。

(3)计算乙酸在各浓度的摩尔电导率 Λ_m。

(4)将 $c\Lambda_m$ 对 $1/\Lambda_m$ 作图,根据直线的斜率为 $K_c(\Lambda_m^\infty)^2$,截距为 $-K_c\Lambda_m^\infty$,求 Λ_m^∞、K_c 和 α。并与按照离子独立移动定律计算 25C 时醋酸的 Λ_m^∞ 值作比较,求出相对误差。

思考题

(1)分别定性解释强弱电解质的摩尔电导随浓度增加而降低的原因。

(2)为什么要用高频交流电源测定电解质溶液的电导?交流电桥平衡的条件是什么?

(3)电解质溶液电导与哪些因素有关?

实验 6　原电池电动势的测定及其应用

实验目的

(1)掌握补偿法测定电池电动势的原理和方法。

(2)掌握电位差计、检流计与标准电池的使用方法。

(3)学会制备银电极、银—氯化银电极和盐桥的方法。

（4）了解可逆电极、可逆电池等概念。

基本原理

电动势的测量方法在物理化学研究中具有重要的实际意义。通过电池电动势的测量可以获得氧化还原体系的许多热力学函数，如平衡常数、电解质活度及活度系数、离解常数、溶解度、络合常数、酸碱度以及某些热力学函数变量等。

电池电动势的测量必须在可逆条件下进行。所谓可逆，就是要求电池反应可逆和在测量电动势时电池几乎没有电流通过。电池电动势的测量，实际上是一种特定的电池开路电压的测量，但是，任何电动势测量仪测量时均不可避免有电流通过电池，不过一般电池都有较大的内阻，因此用补偿法原理设计的电位差计以及高输入阻抗或高内阻的电压测量仪表，都能较好地满足电动势的测量要求。

原电池是由两个"半电池"组成，每一个半电池中包含一个电极和相应的电解质溶液。不同的半电池可以组成各种各样的原电池。电池反应中正极起还原作用，负极起氧化作用，而电池反应是电池中两个电极反应的总和，其电动势为组成该电池的两个半电池的电极电势的代数和。若已知一半电池的电极电势，通过测定电动势，即可求得另一半电池的电极电势，但现在尚不能实际测定单个半电池的电极电势。目前在电化学中，电极电势是以标准氢电极为标准电极而求出其他电极的相对值，但氢电极使用比较麻烦，因此常把具有稳定电势的电极，如甘汞电极，银一氯化银电极等作为第二类参比电极。

本实验采用补偿法测定电池电动势。

补偿法原理

该方法是严格控制电流在接近于零的情况下来测定电池的电动势，为此目的，可用一个方向相反但数值相同的电动势，对抗待测电池的电动势，使电路中无电流通过，这时测出的两级的电位差 $\Delta\phi$ 就等于该电池的电动势 E。电位差计是根据补偿原理而设计的，它由工作电流回路、标准回路和测量回路组成，如图 2-4 所示。

工作电流回路

工作电路由工作电池 E_w 的正极流出，经可变电阻 R_p、滑线电阻 R 返回 E_w 的负极，构成一个通路，调节 R_p 使均匀滑线电阻在 AB 上产生一定的电位降。

标准回路

将变换开关 SW 合向 E_S，对工作电流进行标定。从标准电池的正极开始，经

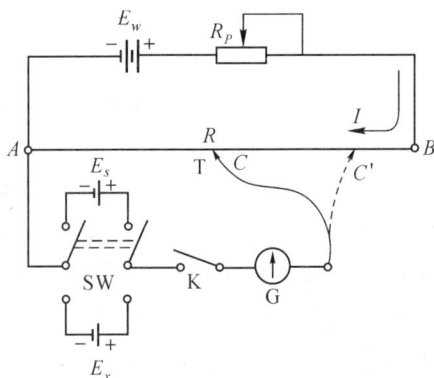

图 2-4 补偿法测量原电池电动势的原理线路图

检流计 G、滑线电阻上的 CA 段,回到标准电池的负极。其作用是校准工作电流以标定 AB 上的电位降。令 $V_{CA}=IR_{CA}=E_S$(借助于调节 R_p 使 G 中得电流 I_c 为零来实现),使 CA 段上的电位降 V_{AC}(成为补偿电压)与标准电势 E_S 相对消。

测量回路

将变换开关 SW 扳回 E_x,从待测电池的正极开始,经检流计 G、滑线电阻上 $C'A$ 段,回到待测电阻负极。其作用是使用校正好的滑线电阻 CA 上的电位降来测量未知电池的电动势。在保持标准后的工作电流 I 不变的条件下,在 AB 上寻找出 C' 点,使得检流计 G 中通过的电流为零,从而 $V_{C'A}=IR_{C'A}=E_x$,使 $C'A$ 段上的电位降 $V_{C'A}$ 与待测电池的电动势 E_x 对消。$E_x=IR_{C'A}=\dfrac{R_{C'A}}{R_{CA}}\cdot E_S=kE_S$。可以通过测得 $R_{C'A}/R_{CA}$ 和 E_S,求出 E_x。

仪器与试剂

1.仪器

CF-02 数字电位差测量仪一台;饱和甘汞电极一支;银—氯化银电极一支;银电极一支;50mL 棕色容量瓶五只;100mL 容量瓶五只;50mL 酸式滴定管两支;洗瓶一只;废液搪瓷杯一只;0# 砂纸(公用)。

2.试剂

饱和 KCl 盐桥和饱和 KNO_3 盐桥;

0.100 mol·L^{-1} $AgNO_3$ 溶液;

0.200 mol·L^{-1} KCl 溶液。

实验步骤

本实验测定下列四组电池的电动势:

(1)$Hg|Hg_2Cl_2,KCl(饱和)\parallel KCl(c),AgCl|Ag$

　　$c=0.0100、0.0300、0.0500、0.0700、0.0900\ mol \cdot L^{-1}$

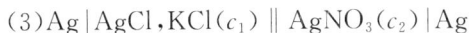

(2)$Hg|Hg_2Cl_2,KCl(饱和)\parallel AgNO_3(c)|Ag$

　　$c=0.0100、0.0300、0.0500、0.0700、0.0900\ mol \cdot L^{-1}$

(3)$Ag|AgCl,KCl(c_1)\parallel AgNO_3(c_2)|Ag$

　　$c_1=0.0100、0.0300、0.0500、0.0700、0.0900\ mol \cdot L^{-1}$

　　$c_2=0.0100、0.0300、0.0500、0.0700、0.0900\ mol \cdot L^{-1}$

(4)$Ag|AgNO_3(0.0100\ mol \cdot L^{-1})\parallel AgNO_3(c)|Ag$

　　$c=0.0100、0.0300、0.0500、0.0700、0.0900\ mol \cdot L^{-1}$

1.电极制备

用商品银电极进行电镀,制备成银电极、银—氯化银电极;饱和甘汞电极采用现成的商品,使用前用蒸馏水淋洗干净。

2.盐桥的制备

按琼胶:KNO_3:H_2O=1.5:20:50 的比例加热溶解,然后用滴管将它灌入干净的 U 形管中,U 形管中以及两端不能留有气泡,冷却后待用,同时制备饱和 KCl 盐桥。(注:步骤 1、2 可由实验老师预先完成)

3.电动势的测定

(1)配置溶液:用滴定管和容量瓶,将 0.100 mol·L^{-1}AgNO$_3$ 溶液分别稀释成 0.0100、0.0300、0.0500、0.0700 和 0.0900 mol·L^{-1}各 50mL,将 0.200 mol·L^{-1}KCl 溶液分别稀释成 0.0100、0.0300、0.0500、0.0700、0.0900 mol·L^{-1}各 100mL。

(2)熟悉 CF-02 数字电位差测量仪操作并接好测量线路。

(3)测量待测电池电动势。

实验完毕,把盐桥放在水中加热溶解,洗净,其他仪器复原,检流计短路放置。AgNO$_3$ 溶液倒入回收瓶,洗净滴定管及容量瓶。

注意事项

(1)检查甘汞电极有否气泡,如有气泡则必须排除。

(2)测定上述四组电池的电动势时,根据什么原则选择盐桥?

(3)测定时,电解质溶液必须从稀到浓。

(4)在实验预习时,做好各组电池电动势值的估算(将指示值调到估算值)。

实验数据及处理

1. 数据记录

室温：_____℃；大气压_____kPa；$E_N=$_____V（电动势单位：伏）

电动势／浓度／电池	0.0100 mol·L^{-1}	0.0300 mol·L^{-1}	0.0500 mol·L^{-1}	0.0700 mol·L^{-1}	0.0900 mol·L^{-1}
1					
2					
3					
4					

2. 根据测定的电动势值及有关附录数据计算并列表（参见下表示例）

列表举例：电池1

浓度(mol·L^{-1})	0.0100	0.0300	0.0500	0.0700	0.0900
E(V)					
$E_{Cl^-/AgCl}$(V)					
α_{Cl^-}					
$\lg \alpha_{Cl^-}$					

3. 制图并求结果

(1)以 $E_{Cl^-/AgCl} \sim \lg a_{Cl^-}$ 作图（或线性回归），外推求原电池1中的 $E_{Cl^-/AgCl}^{\ominus}$；以 $E_{Ag^+/Ag} \sim \lg a_{Ag^+}$ 作图，外推求原电池2中的 $E_{Ag^+/Ag}^{\ominus}$；以 $E \sim \lg(1/\alpha_{Ag^+}\alpha_{Cl^-})$ 作图外推求原电池3中的标准电动势 $E^{\ominus}$。

(2)利用推得的 $E_{Cl^-/AgCl}^{\ominus}$ 和 $E_{Ag^+/Ag}^{\ominus}$，求算 AgCl 水溶液的活度积。

(3)试比较电池4的数据与理论值的差别。

思考题

(1)在补偿法测定电池电动势的装置中，电位差计、工作电源、标准电池和检流计各起什么作用？如何使用和维护标准电池及检流计？

(2)本实验以浓度代替活度测定标准电极电势会带来什么影响？

(3)测量电动势时为何要用盐桥？如何选用盐桥以适合不同的体系？

(4)测量可逆电池电动势，必需使用补偿法，为什么？

附　录

1. 几种甘汞电极在不同温度时的电极电势(V)：

KCl 溶液浓度	t ℃时的 $E_{甘汞}$(V)	25 ℃时的 $E_{甘汞}$(V)
0.1mol/L	$E_{甘汞}=0.3388-7\times10^{-5}(t-25)$	0.3388
1.0mol/L	$E_{甘汞}=0.2800-2.4\times10^{-4}(t-25)$	0.2800
饱和	$E_{甘汞}=0.2415-7.6\times10^{-4}(t-25)$	0.2415

2. 惠斯顿标准电池(镉汞标准电池)

1980 年,我国提出 0~40 ℃温度范围常用的镉汞标准电池的温度与标准电动势的关系为：

$$E_t = E_{20} - \left[39.94(t-20) + 0.929(t-20)^2 - 0.0090(t-20)^3 + 0.0006(t-20)^4\right]\times 10^{-6}$$

20 ℃时,惠斯标准电池电动势为 1.018625V,其他温度时的电动势可由上式求得。

由上式可知,惠斯顿标准电池的电动势温度系数很小。由于惠斯顿标准电池的构造为 H 型的液态电极,所以使用时电池只能正置,严禁倒置或剧烈振荡,不允许用伏特计或万用表进行测量。

实验 7　电动势法测定热力学函数

实验目的

(1)掌握用电化学方法测定化学反应的热力学函数,加深对"可逆电池"概念的理解。

(2)了解制备银—氯化银电极的方法。

基本原理

可逆电池电动势的测定是物理化学实验中的重要内容,通过测定电池电动势可以求得平衡常数、活度系数、解离常数、溶解度、络合物稳定常数、溶液中离子的活度,通过测定电池电动势的温度系数可以求得有关反应的热力学函数等。电池的电动势不能直接用伏特计来测量,因为电池与伏特计相连接后,便成了通路,当有电流通过,会发生化学变化、电极被极化、溶液浓度改变、电池电动势不能保持稳定等情况,且电池本身有内阻,伏特计所量得的电位降仅为电动势的一部分。利用对消法(又称补偿法)可使电池无电流(或极小电流)通过,此时电池反应是在接近可逆的条件下进行的,测得的平衡电动势即为该电池的电动势.利用对消法,通过电位差计所测得的电池电动势的数据从而获得的热力学函数,通常要比热化学方法测得的结果可靠.因而可通过测定不同温度条件下的电池电动势,并根据吉布斯-亥姆霍兹(Gibbs-Helmholhz)公式,求得电池内化学变化的热力学函数.

如果一个化学反应可以被设计成为一个可逆电池,则该电池反应在室温定压下的自由能变化 ΔG 和电池的电动势 E 有如下关系:

$$\Delta G = -W_0 = -nFE$$

式中:n 为电池中反应了的物质的摩尔数,F 为法拉第常数.

又因为

$$\left(\frac{\partial \Delta G}{\partial T}\right)_p = -\Delta S$$

则

$$\Delta S = nF\left(\frac{\partial E}{\partial T}\right)_p$$

$$\Delta H = T\Delta S + \Delta G = nFT\left(\frac{\partial E}{\partial T}\right)_p - nFE$$

所以,在定压下测定了可逆电池在不同温度下的电动势,就可求得该电池反应在各个温度下的 ΔG、ΔS 和 ΔH.

为了在接近于热力学可逆条件下测定电池的电动势,通常采用补偿法.

本实验是测定如下反应的 ΔG、ΔS 和 ΔH:

$$Zn + 2AgCl = ZnCl_2 + 2Ag$$

将反应设计成原电池:

$$Zn\,|\,ZnCl_2(0.1mol \cdot L^{-1})\,|\,AgCl \cdot Ag(s)$$

在很小的温度区间内,可以认为 ΔS 与 T 无关,因而可得

$$E = E_0 + \frac{\Delta S}{nF}(T - T_0)$$

测定不同温度下电池的电动势,即可求得电池的温度系数 $\left(\frac{\partial E}{\partial T}\right)_p$,从而可算出 ΔG、ΔS 和 ΔH.

仪器与试剂

1. 仪器

补偿法测定电动势的仪器一套;水浴恒温装置一套;H 管一支;AgCl · Ag 电极一根;锌电极一根;制备 AgCl · Ag 电极的装置一套;0# 砂纸.

2. 试剂

0.1 mol · L^{-1} 氯化锌溶液;Hg(NO$_3$)$_2$ 饱和溶液.

实验步骤

(1)装置原电池：$(-)Zn|ZnCl_2(0.1\ mol \cdot L^{-1})|AgCl \cdot Ag(s)(+)$

① 锌电极的处理：用 0# 砂纸轻轻地把锌电极擦亮，用蒸馏水洗净后，插入 $Hg(NO_3)_2$ 饱和溶液中数秒钟，使锌表面形成一层 Zn-Hg 齐，取出后用蒸馏水冲洗，并用滤纸轻轻擦去锌极表面上灰色的 ZnO，汞齐化的目的在于防止电极表面生成 ZnO 薄膜而引起电极钝化。

② AgCl 电极的制备：银电极原来若曾镀过 AgCl，则应依次用 $1.0\ mol \cdot L^{-1}$ 的 HNO_3 及浓氨水分别浸 1～2min，然后洗净待用。

制备时先镀银，镀银溶液配方(分析纯试剂)为：

$AgNO_3$ 3g；KI 60g；浓氨水 7mL；蒸馏水 90mL 毫升，按图 2-5 所示接好线路，调节电流为 2mA 电镀 30min。

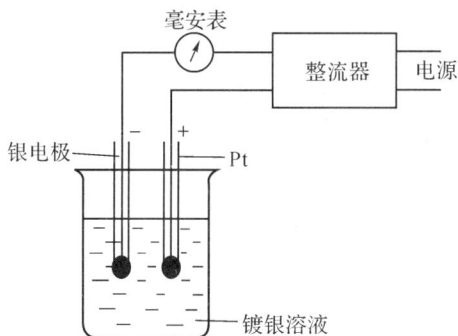

图 2-5 电镀银装置图

镀好银的电极用蒸馏水仔细冲洗后，插入 $1.0\ mol \cdot L^{-1}$ 盐酸溶液中，以铂丝为阴极，银电极为阳极，以 1.0mA 电流电解 0.5h 左右，取出冲洗后，制得褐红色 AgCl 电极，应浸入与被测溶液中 Cl^- 浓度相同的 KCl 溶液中，避光放置 24h 以上。

③ 在干净的 H 管中注入 $0.1\ mol \cdot L^{-1}$ 的 $ZnCl_2$ 溶液，然后分别插入 Zn 电极及 AgCl 电极，装置如图 2-6 所示。

(2)应用补偿法测定电池电动势的装置。

(3)装好水浴恒温装置，把原电池放在恒温槽中进行测量。第一次测量可控制恒温槽温度比室温高 1～2℃，共测定 4～5 个温度。每次均需待温度恒定 20min 左右才进行测量。

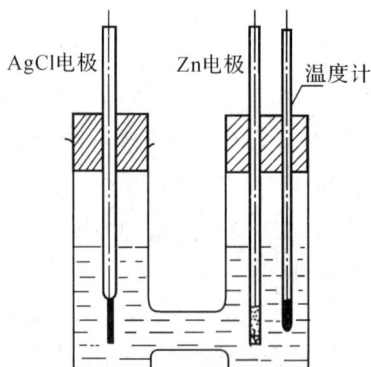

图 2-6 电池电动势装置图

实验数据及处理

(1)将测定数据列表。

(2)以温度 T 为坐标,电动势 E 为纵坐标,作 $E\text{-}T$ 图,求直线斜率 $\left(\dfrac{\partial E}{\partial T}\right)_p$。

(3)求算电池反应在各温度下及 298K 时的 ΔG、ΔS 及 ΔH。

注意事项

(1)测定时绝对不可将标准电池摇动、倾斜、躺倒或倒转,以防电池内液体互混而使电动势改变。

(2)在电位差计上进行电动势测定时,必须先按"粗"按钮,且按下按钮要短暂而不能长时间按下不动,否则会产生电极极化现象。

思考题

(1)若实验测出的 $E\text{-}T$ 图不为直线,应如何计算各温度下的 ΔG、ΔS 及 ΔH?

(2)制备 AgCl 电极时,为什么要先在银棒上镀银再转变为 AgCl,而不能直接把银棒插入盐酸中电解使之成为 AgCl 电极?

(3)在制备 AgCl 电极过程中,各电极上会产生什么现象? 为什么会产生这些现象?

(4)参考(或参比)电极应具备什么条件? 它有什么功用?

附录 电极电势与温度的关系

1. 氯化银电极

作为氧化极时,电极反应为:

$$Ag(s) + Cl^- \rightarrow AgCl(s) + e$$

$$E_{AgCl} = E_{AgCl}^\theta - \frac{RT}{F} \ln a_{Cl^-}$$

对非饱和型氯化银电极来说,其电极电势与氯离子浓度和温度均有关系。但 E_{AgCl}^θ 只与温度有关。

$$E_{AgCl}^\theta = 0.2224 - 0.000645(t-25)(V)$$

2. 银电极

作为还原极时,电极反应为:

$$Ag^+ + e \rightarrow Ag$$

$$E_{Ag^+/Ag} = E_{Ag^+/Ag}^\theta - \frac{RT}{F} \ln \frac{1}{a_{Ag^+}}$$

而

$$E_{Ag^+/Ag}^\theta = 0.799 - 0.00097(t-25)(V)$$

3. 锌电极

作为还原极时,电极反应为:

$$Zn^{2+} + 2e \rightarrow Zn$$

$$E_{Zn^{2+}/Zn} = E_{Zn^{2+}/Zn}^\theta - \frac{RT}{T} \ln \frac{1}{a_{Zn^{2+}}}$$

$$E_{Zn^{2+}/Zn}^\theta = -0.7628 + 0.0001(t-25)(V)$$

实验 8 界面移动法测定氢离子迁移数

实验目的

(1) 用界面移动法测定盐酸溶液中氢离子的迁移数。

(2) 通过实验掌握界面移动法测定离子迁移数的原理和方法。

(3) 掌握图解积分测定电量的方法。

实验原理

离子迁移数是电解质溶液的一个重要传递性质。电解质溶液的传递现象与一般系统所不同的是,在电位梯度或电场作用下离子的迁移,表现为能传导电流。电流的传导由溶液中的正负离子共同承担。离子迁移数的引入,衡量了正负离子的相对导电能力。

离子迁移数可以直接测定,方法有界面移动法、希托夫法和电动势法等。界面移动法是直接测定电解时溶液界面在迁移管中移动的距离求出迁移数,主要问题是如何获得鲜明的界面以及如何观察界面移动。希托夫法是根据电解前后在两电极区由于离子迁移与电极反应导致极区溶液浓度的变化,此法适用面较广,但需要配置库仑计以及繁多的溶液浓度分析工作,并且测得的迁移数为表观迁移数,在计算过程中假设水是不动的,如果考虑到水的迁移对浓度的影响,算出的离子实际迁移数量,则为真实迁移数。而电动势法则是通过测量没有溶液接界的浓差电池的电动势来进行的。

当电解质溶液通电时,两极发生化学反应,溶液中正离子和负离子分别向阴极和阳极迁移,正负离子共同担负导电任务。由于正负离子移动的速度不同,电荷不同,因此它们分担的导电任务的百分数也不同。某种离子传递的电量与总电量之比,称为离子迁移数。假若两种离子迁移传递的电量分别为 q_+ 和 q_-,则通过的总电量为:

$$Q = q_+ + q_-$$

负离子的迁移数:$t_- = q_-/Q$

正离子的迁移数:$t_+ = q_+/Q$

$$t_+ + t_- = 1$$

在包含数种负、正离子的混合电解质溶液中,一般增加某种离子的浓度,则该种离子的传递电量的百分数增加,其迁移数也相应增加。对仅含一种电解质的溶液,浓度改变使离子间的相互作用力也发生了改变,离子迁移数也会改变,但难有普遍规律。

温度改变,离子迁移数也会发生变化,一般温度升高时,t_- 和 t_+ 的差别减小。

本实验采用界面移动法测定 HCl 溶液中 H^+ 离子迁移数,迁移管中离子迁移示意图如图 2-7 所示,实验装置图如图 2-8 所示。

界面移动法有两种:一种是选用两种指示离子,形成两个界面;另一种则是选用一种指示离子,只有一个界面。本实验采用后一种方法。即以镉离子作为指示离子,测定某浓度的盐酸溶液中氢离子的迁移数。

垂直安装的带有刻度的管子,称为迁移管,在管子里充满稀 HCl 溶液,通电,当有电量 Q 的电流通过每个静止的截面时,t_+Q 电量的 H^+ 通过界面向上走,t_-Q 电量的 Cl^- 通过界面往下迁移。假定在管的下部某处存在一界面,在该界面以下没有 H^+ 存在,而被其他的正离子(例如镉离子)取代,则该界面将随着 H^+ 往上迁移而移动,界面的位置可通过界面上下性质的差异而测定。例如,利用

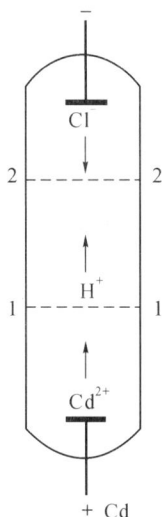

图 2-7　迁移管中离子迁移示意图　　图 2-8　界面移动法实验装置图

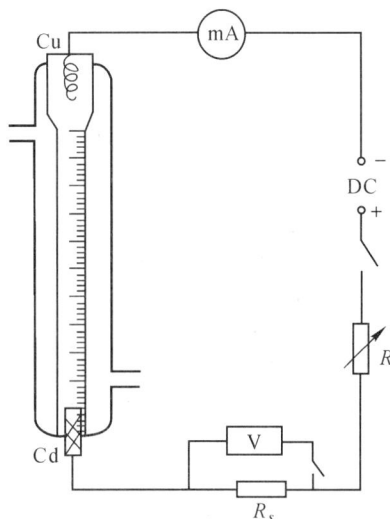

pH 的不同指示剂显示颜色不同测出界面。欲使界面保持清晰,必须使界面上下电解质不相混合,这可以通过选择合适的指示离子在通电情况下达到。$CdCl_2$ 溶液能满足这个要求,因为 Cd^{2+} 淌度 $U_{Cd^{2+}}$ 较小,即

$$U_{Cd^{2+}} < U_{H^+}$$

图 2-8 中负极是铜棒,它安装在管子的顶部,正极是由金属镉做成的,封闭在管子的底部,当在两极间接通电流后,Cd 被氧化为 Cd^{2+},在电场的作用下,H^+ 和 Cd^{2+} 从下向上移动,而 Cl^- 向下移动,在管子的下部不断产生 $CdCl_2$ 溶液,运动速度较低的 Cd^{2+} 永远也不会赶上 H^+,而且是紧紧地跟在 H^+ 离子的后面作为指示离子。由于甲基紫是 Cd^{2+} 的显色剂,因此,在两个溶液之间可以显示出一个明显的界面。如果这两溶液之间的界面经过时间 t,界面扫过的体积为 V,通过的电量为 It(I 为电流强度)。H^+ 输运电荷的数量为该体积中 H^+ 带电的总数,即

$$q_{H^+} = Vc(H^+)F$$

式中:$c(H^+)$ 为 H^+ 的浓度,F 为法拉第常数,电量单位常以库仑表示。所以 H^+ 的迁移数可表示为:

$$t_{H^+} = \frac{cVF}{It}$$

式中:I 为通过的电流(单位为 mA);t 单位为 s;V 单位为 mL;c 单位为 $mol \cdot L^{-1}$。

通过的电流可以用电位差计和标准电阻精确测量或用精密的毫安计直接测量。在实验室里,电量 It 可以通过实验数据记录仪图求积分获得。

仪器与试剂

1. 仪器

迁移管 1 支(用 1mL 刻度移液管及恒温回流管和注液小漏斗组成),实验数据记录仪 1 台,晶体管直流稳压电源 1 台,接线匣 1 只,导线若干,铜电极和镉电极,超极恒温槽 1 台(两组合用),带尼龙管的 5mL 针筒 2 只,50mL 小烧杯 2 个,废液缸 1 个,砂纸若干。

2. 试剂

含甲基紫的 0.1 mol·L^{-1} 盐酸溶液(需标定)。

实验步骤

(1)按图 2-8 装置仪器,用带尼龙管的针筒吸取蒸馏水洗迁移管两次并检查迁移管是否漏水,吸取少量的含甲基紫的 HCl 溶液(待测液),直接插入到迁移管的最下端,将迁移管洗涤两次,然后将待测液慢慢加入迁移管中(注意迁移管中不能留有气泡),装入溶液的量以插入上端铜电极时能浸过电极为限。

(2)将迁移管垂直固定好,按图 2-8 所示接好线路,其中 V 为电压表,R_s 为标准电阻,R 为可变电阻,DC 为直流电源。检查无误并经指导教师同意后,接通电源,调节恒温槽的温度为 25℃,待温度恒定后,并调节电流至 3.5mA 左右。打开记录仪开关 K_2,随着电解的进行,阳极不断溶解生成 Cd^{2+},因 Cd^{2+} 的迁移速率比 H^+ 小 5～6 倍,一段时间后,形成一个清晰的界面,并渐渐地向上移动,当界面移到一个适当的刻度时,在记录纸上标上界面迁移的起始毫升刻度,待界面移动到另一刻度时(比如从 0.00 迁移到 0.050mL),再在记录纸上标号,界面每移动 0.05mL 都在记录纸上标记,直至迁移 0.5mL 为止。如此重复测定两次。

(3)调节恒温槽温度分别为 35℃、40℃、50℃,测定 0.1 mol·L^{-1} 盐酸溶液中 H^+ 的迁移数。

(4)实验完毕,将迁移管溶液倒入指定回收瓶中(注意:镉化物有剧毒!!),洗迁移管的初次废液也应注入回收瓶中。迁移管洗净后,装满蒸馏水,放回原处。

实验结果处理与讨论

(1)根据记录仪记录下来的电位－时间图求积分电量 Q。

$$Q = \int_1^2 I\mathrm{d}t$$

由测得电压 U 及标准电阻 R_s,求得电流 I,以此电流 I 对相应的时间 t 作图,求出其包围的面积即总电量 It,如果为直线,可求出梯形的面积。

（2）根据 H^+ 迁移的体积，及 H^+ 离子浓度 c，求 H^+ 所迁移的分电量 q_+。

（3）根据积分总电量 Q 及 H^+ 所迁移的分电量 q_+，求出 H^+ 的迁移数 t_{H^+}。

（4）取迁移数的平均值与文献值比较，求相对误差。

（5）化学系学生要求测定并计算各温度下的 H^+ 迁移数值，并作 T_{H^+} 和温度关系图。

实验记录表

室温：＿＿＿＿℃；恒温槽温度：＿＿＿＿℃；HCl 浓度：＿＿＿＿M；标准电阻：R_S＿＿＿＿Ω。

No	每次界面移动电位读数(mV)				I(mA)	Q(mA·s)	t_{H^+}
	V(mL)	t(s)	E_1	E_2			

思考题

（1）离子迁移数与哪些因素有关？

（2）保持界面清晰的条件是什么？

（3）实验过程中电流值如何变化？如果迁移管的电极接反将产生什么现象？为什么？

（4）如何求得 Cl^- 的迁移数？

实验9　恒电位法测定阳极极化曲线

实验目的

（1）了解极化、超电势等基本概念。测定 Zn 在 $ZnSO_4$ 溶液中的阳极极化曲线。

（2）掌握三电极体系的测量原理和操作技术。

（3）熟悉恒电位仪的使用和操作。

实验原理

测定极化曲线是研究电极过程动力学的基本方法之一。通过测定极化曲线，可以求得不少动力学基本参数,如交换电流密度 J,传递系数 α 和 β,扩散系数 D 等。在电镀、电解以及电池工业中应用也很普遍,例如,在电镀中往往需要提高电镀液的极化能力,以期获得细致光亮的镀层;研究各种络合剂、添加剂对电镀液极化能力的影响,即测定不同条件下的阴极极化曲线,可以选择理想的镀液组成、pH 以及电镀温度等工艺条件,从而提高电镀的效果与水平。另一方面,阳极极化是防止金属腐蚀的有效方法之一。在电解池中,以保护金属为阳极,取一辅助电极为阴极,当回路中有电流通过时,阳极发生金属氧化反应,即电化学溶解过程。随着外加电压的增大,溶解过程加快、电流也随之增大。实验发现,有些金属在特定介质中,当其电极电位增大到某一数值后,电流随电位增加反而大幅度地下降,此时金属表面发生钝化,即在金属表面形成了一层电阻很高且耐腐蚀的钝化膜,导致其溶解速率大为减小。这种利用阳极极化来防止金属腐蚀的方法称为阳极保护。但是,在化学电源、电冶金和电镀中,金属作为可溶性阳极时,其钝化是非常不利的。

1. 极化的基本概念

在电解池中,当电极上有电流通过时,电极处于不可逆状态。电流愈大,则电极电位偏离平衡电位也愈大,这种现象称为电极的极化。极化产生的原因有多种,但主要是产生于浓差极化和电化学极化。在阳极上发生的极化叫做阳极极化,阳极极化时电极电位向正方向偏移,电流密度愈大,偏移愈大。在阴极上发生的极化叫做阴极极化,它向负方向偏移,电流密度增大,偏移也增大。极化作用的大小用超电势(过电位)来衡量,所谓超电势是指在某一电流密度下的不可逆电极电位 $E_{不可逆}$ 与平衡电位 $E_{可逆}$ 的差值,用符号 η 表示。由于极化作用的产生使阳极和阴极反应均变得困难,即阳极电极电位变大而阴极电极电位变小,为使超电势始终为正值,定义:

$$\eta_{阳} = E_{不可逆} - E_{可逆}$$
$$\eta_{阴} = E_{可逆} - E_{不可逆}$$

2. 极化曲线测定的基本原理

测定极化曲线就是测定不同电流密度 I 时的电极电位 $E_{不可逆}$,然后作出 I-E 曲线。

一般采用三电极测量体系(图 2-9):辅助电极、研究电极和参比电极。在带支管的 H 型电池中,放入三个电极,其中参比电极(甘汞电极)放入支管中,与其紧邻的管中应插入研究电极,参比电极与研究电极构成原电池,用来测定研究电极的电极电位;在 H 型电池的另一管中,插入辅助电极(Pt 电极),辅助电极与研究电极构成电解池,用来施加电流密度。通过调节可变电阻,给予电解池一系列恒定的电位,通过数字电压表测定参比电极与阳极之间的电动势后,从电流表读

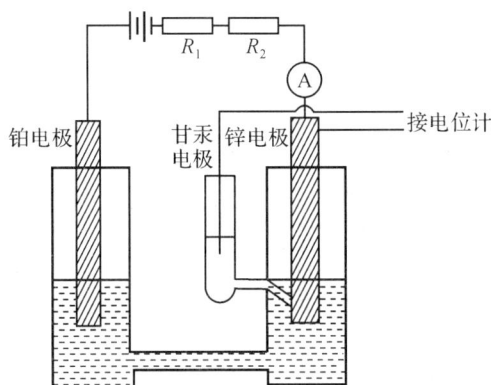

图 2-9 阳极极化曲线测定装置

出各电位下的电流,从而求得对应的电流密度。恒电位仪就是根据此原理提供恒定电极电位的专门仪器。为防止电解质溶液的电阻降低而影响电动势及电极电位数值的测定,实验中采用鲁金(Luken)毛细管,并应尽量靠近研究电极表面。

在测定 I-E 曲线时,可以在一些固定不变的电流密度下,测量相应的电极电位;也可以在一些固定不变的电极电位下,测量相应的电流密度。前者称为恒电流法,后者称为恒电位法。本实验采用恒电位法,即电极电位是主变量,改变电极电位,电流密度随之改变,通过恒电位仪来实现。在实际测量中,常采用的恒电位测量方法有下列两种:一种方法是静态法,将电极电位较长时间地维持在某一恒定值,同时测量电流随时间的变化,直到电流基本达到某一稳定值,如此逐点地测定各个电极电位下的稳定电流值,以获得完整的极化曲线。另一种方法是动态法,通过恒电位仪和电位扫描信号发生器控制电极电位以较慢的速度连续性地改变,并测量对应电位下的瞬间电流值,同时以瞬间电流对电极电位作图,获得整个的极化曲线。所采用的扫描速度应根据具体体系而定,由于电极表面建立稳的速率较慢,原则上应选用与之相适应的扫描速率,这样测得的极化曲线与静态法测得的相近。本实验采用动态法,测量 Zn 电极在 $ZnSO_4$ 溶液中的阳极极化曲线,用 X-Y 函数记录仪自动记录 I-E 曲线。

仪器与试剂

1.仪器

ZF-3 恒电位仪,ZF-4 电位扫描信号发生器,X-Y 函数记录仪,H 型电池,Zn 电极,Pt 电极,饱和甘汞电极,金相砂纸。

2.试剂

$ZnSO_4$ 溶液(0.5mol · L^{-1})。

实验步骤

1. 调仪器参数

将各仪器打开预热数分钟,调恒电位仪在"通"、"给定"及量程"200mA"。调信号发生器在"准备"状态,上限1900,初始1300,下限－200(上下限待灯亮后用相应的旋钮来调节,初始则用电位仪上的旋钮调节),波形调至"减少"(第二个),扫描速度为$50mV \cdot s^{-1}$。将除数函数记录仪各键按下,用"POSITION"调记录笔的位置,Y(电流密度)和X(电极电位)的灵敏度为$100mV \cdot cm^{-1}$,走纸速度为$5mm \cdot s^{-1}$。

2. 组装电池

清洗H型电池和各电极,Zn电极用砂纸擦亮,去离子水冲洗后,如图2-9所示组装成电池。电池中盛放$0.5mol \cdot L^{-1}ZnSO_4$溶液,以没过电极1cm为宜。

3. 测量

按照仪器说明书熟悉仪器性能,做好各项准备工作。然后将信号发生器开关扳到"扫描"位置,仪器将自动记录极化曲线。若曲线太陡而超出记录范围或坡度不够,均需调节函数记录仪上的Y或X轴灵敏度;若开始扫描后没有出现水平线段,则说明初始值不够,应适当增大后重新测量。

4. 复原

实验完毕后,小心取下各电极,用去离子水冲洗,洗净H型电池,放回原处;关闭各仪器电源。

实验结果处理与讨论

(1)记录实验时的室温和大气压。

(2)在曲线上取8～10个点,分别求出其超电势,再用超电势对电流密度作图,得到η-$\lg I$曲线。

思考题

(1)写出原电池及电解池中的电极反应和总反应。

(2)三电极体系的测量原理是什么?

(3)分析造成实验误差的主要因素。

实验 10　材料表面电化学处理

实验目的

(1)了解材料表面电化学处理的一般原理与方法。

(2)学习铝的阳极氧化和染色处理方法。

实验原理

铝及合金在空气中都会在其表面自然生成一层极薄的氧化膜(约 $0.01\sim0.5\mu m$)。这层自然氧化膜是无定形的,因此使表面失去原有光泽,而且因氧化膜疏松多孔不均匀,它虽有一定的抗腐蚀作用,但不可能有效地防止铝及合金的进一步氧化、腐蚀。

采用人工的方法在铝的表面形成一层具有保护作用的氧化膜,这种人工氧化膜经过适当处理(封闭)后,无定形氧化膜转化为晶形氧化膜,孔隙被消除,膜层硬度增高,耐磨性、抗腐蚀性也有提高,光泽度增强,能经久不变,还可经适当染色处理而得到理想的外观。因此,铝的表面氧化处理在材料的工艺处理和国民经济建设及国防上有广泛的应用。

经化学表面处理后的铝片,为了获得高光高亮的氧化膜层,必须进行电解抛光(也可用化学抛光),以除去晶体变形层,从而获得反光系数良好的膜层。电解抛光是根据粗糙表面突出点较之凹陷处易于溶解的原理,在操作上类似阳极氧化。电解抛光时,在其表面形成一层厚度不均的薄膜,它具有较高的电阻,电导率很低,金属表面凸起部分所形成的薄膜由于向电解质中扩散作用较为强烈,而使其较凹陷部分要薄。这种现象更使得电力线集中在凸起部分,因此凸出处的电流密度比凹陷处要大,致使凸出处溶解得较快,所以在金属表面引起高低部分不均匀的溶解作用,使得铝表面变得平滑光亮。

铝的阳极氧化原理为:

$$阴极:2H^+ + 2e \rightarrow H_2 \uparrow$$

$$阳极:2Al + 6OH^- \rightarrow Al_2O_3 + 3H_2O + 6e$$

在工业生产中,铝阳极氧化采用的电解液主要有三种:硫酸、草酸和铬酸。根据不同的电解条件,采用不同的电解液,可以获得不同厚度的具有不同机械性能和物理化学性能的氧化膜。

由于电解液中酸的存在,尤其是硫酸的存在,使形成的 Al_2O_3 膜部分被溶解,所以氧化膜的生成依赖于金属氧化速率和膜的溶解速率,要达到一定厚度的氧化膜,必须控制氧化条件,使氧化膜的形成速率大于其溶解速率。

阳极氧化所得的膜是整片玻璃状的无水氧化铝(Al_2O_3),其厚度一般为 $0.01\sim0.1\mu m$。膜的外层较软,是由水合氧化铝($Al_2O_3 \cdot H_2O$)组成的,该膜层具有孔隙率高、吸附能力强、容易染色的特点。因此,把氧化后的铝制件用有机染料或无机染料的水溶液来染色,可以将其染上各种鲜艳的色彩,使铝制品表面装饰得十分美观。目前广泛采用有机染料染色,因为有机染料染色操作简便、色彩鲜艳且多种多样。

染料的选择应考虑染色的色光、耐晒且牢度高的染料。因氧化膜呈正电性,所以应选择采用负电性而且溶于水的阴离子染料。例如,直接染料、酸性染料和活性染料,它们都带有亲水的磺酸基—SO_3Na、羧酸基—$COONa$,都能溶于水,而且带有负电性,可以进行染色。

仪器与试剂

1. 仪器

直流电源,滑线电阻,电流表($3\sim5A$),分析天平,温度计,镊子,电炉($150W$、$500W$),量筒($10mL$、$100mL$)。

2. 试剂

NaOH,Na_2CO_3,铬酸,H_2SO_4,H_3PO_4,甘油,无水乙醇,糖精、茜素红、茜素黄、直接耐晒蓝($3\sim5g \cdot L^{-1}$),酸性绿($5g \cdot L^{-1}$)。

实验步骤

1. 铝片表面清洗

只有把铝片表面清洗干净,阳极氧化后才能生成致密的氧化膜。

(1)取两片铝片,用去污粉或洗涤剂洗刷,而后用自来水冲洗干净。

(2)酸洗:将铝片放在 $50\sim60$℃含 $30\sim40g \cdot L^{-1}H_2SO_4$ 的溶液中,浸泡 $1\sim2min$,取出用自来水冲洗干净。经过清洗后的铝片表面绝对不能再用手接触,以免污染,洗净的铝片可放入盛去离子水的烧杯中待用。

2. 铝的电解抛光(选做)

(1)抛光液的配制:磷酸 250mL,硫酸 100mL,甘油 200mL,无水乙醇 100mL,糖精(光亮剂)$0.001g \cdot L^{-1}$。

(2)计算铝片浸入抛光液部分的总面积,按照电流密度 $0.15\sim0.2A \cdot cm^{-2}$ 计算所需总的电流密度。

(3)将铝片作为阳极,铝片作为阴极,放在以上抛光液中(溶液温度 $60\sim80$℃),按图 2-10 所示接好电路,通电后调节可变电阻,使电流密度控制在 0.15

～0.2A・cm^{-2}范围内,抛光 3～5min(抛光电路可参考阳极氧化电路)。

(4)抛光后切断电源,取出铝片,用自来水冲洗干净,并观察抛光效果。

3.阳极氧化

硫酸氧化法工艺条件如下:

硫酸浓度 150～250g・L^{-1},溶液温度 15～25 C,电压 12～15V,电流密度 5～20mA・cm^{-2},氧化时间 40～60min。

(1)将预处理过的铝片作为阳极,铝片作为阴极,按图 2-10 所示接好电路。

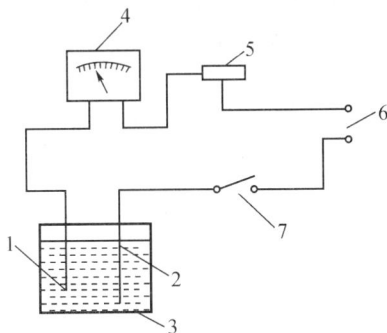

图 2-10 铝阳极氧化示意图

1—阴极(Pb);2—阳极;3—15%H$_2$SO$_4$;4—电流表;

5—可变电阻;6—直流电源;7—开关

(2)按硫酸氧化法工艺条件,进行铝片的阳极氧化。

(3)铝片阳极氧化后,切断电源,取出铝片,用自来水冲洗干净待用。

4.氧化膜厚度的测定(选做)

因铝不会溶解在 H$_3$PO$_4$ 和 CrO$_3$ 的混合溶液中,故可利用此特性来测定氧化膜的厚度。

(1)配制溶液:H$_3$PO$_4$ 35mL,CrO$_3$ 20g,加水至 100mL。

(2)取干燥的已进行阳极氧化过的一片铝片,在分析天平上准确称量。

(3)然后浸入以上配制的已加热至 98～100 C 的溶液中,浸泡 10～15min,使氧化膜充分溶解,取出用水充分冲洗,并浸入无水乙醇中,取出使其干燥。

(4)用同一台分析天平重新称量,至恒重为止。

(5)氧化膜厚度可按下式进行计算:

$$d = \frac{m}{A\rho}$$

式中:m 为两次称量之差(mg);A 为铝片总表面积(cm^2);ρ 为膜层密度,封闭膜取 2.6g・mL^{-1},未封闭膜取 2.4g・mL^{-1}。

5. 铝及其合金氧化膜的化学染色

(1)配方和工艺条件：

茜素红　0.1～0.2g·L^{-1}

茜素黄　0.04～0.08g·L^{-1}

温　度　50～60℃

时　间　1～5min

按此配方可获得18K、14K等各种金色。

(2)将已阳极氧化的铝片用水冲洗干净后，投入染色液中，着色时间可根据你自己需要的颜色深浅而定。染色过的铝片经水冲洗干净后，放入煮沸的去离子水中煮沸5～10min进行封闭处理。

注意事项

(1)铝片在抛光、氧化前，表面必须清洗干净，否则将影响其质量。

(2)计算铝片抛光面积时应计算两面。

实验结果处理与讨论

(1)材料表面的化学染色除有机染料外，也可用无机染料，讨论用什么方法把铝染成其他各种颜色。

(2)铝及合金除电解抛光外，还能用化学抛光，简要讨论化学抛光的原理。

思考题

(1)影响表面处理质量的主要因素有哪些？

(2)铝在空气中也能形成Al_2O_3氧化膜，为什么还要进行阳极氧化？

第三章　组成测定及结构分析

实验 11　火焰原子吸收法测定自来水中的钙含量

实验目的

(1)了解原子吸收分光光度计的主要构造及工作原理。

(2)掌握原子吸收分光光度计的操作方法及原子吸收分析方法。

(3)学会火焰原子吸收分析条件的选择。

实验原理

原子吸收光谱仪基本构造方块图：

锐线光源 → 原子化器 → 分光系统 → 检测系统 → 数据处理系统

原子吸收光谱法是基于被测元素基态原子在蒸气状态对其共振辐射的吸收进行元素定量分析的方法。基态原子吸收其共振辐射，外层电子由基态跃迁至激发态而产生原子吸收光谱。原子吸收光谱位于光谱的紫外区和可见区。

原子吸收法的定量基础是朗柏－比尔定律，其数学表达式为：$A = K \cdot L \cdot c$。对于同一仪器，光程长度 L 是定值，而且在相同的实验条件下，对于同一元素，吸光系数 K 也是一个不变的值。在这种情况下，可以将常数 K 与 L 合并为K'，得：$A = K' \cdot c$，即吸光度 A 的大小与被测溶液的浓度 c 成正比。这就是原子吸收分光光度法定量分析的基础。定量分析的方法，通常采用的是标准曲线法或标准加入法。

标准曲线法是原子吸收分光光度分析中的常用定量方法，多用于未知试液中共存成分较为简单的情况。如果溶液中共存基体成分比较复杂，则用基体匹配法(标准加入法)，即在标准溶液中加入相同类型和浓度的基体成分，以消除或减少基体效应带来的干扰。当无法配制组成匹配的标样样品时，一般采用标准加入法而不用标准曲线法。

采用标准曲线法时，需配制一系列待测元素的标准溶液，分别测出它们的吸

光度 A,以 A 对 c 作图,便得到标准曲线,它是一条通过原点的直线。在与测量标准曲线相同的分析条件下,测出待测试液的吸光度 A_x,由 A_x 便可在标准曲线上查得待测试液的浓度 c_x。

采用标准加入法时,一般是量取 5 份等量的待测试液,往其中 4 份中分别加入不同量的待测元素的标准溶液,再稀释到同一体积。然后分别测定 c_x,c_x+c_s, c_x+2c_s,…,c_x+4c_s 的吸光度。绘制吸光度对未知元素加入量 c_s 的曲线,将此曲线外推,与浓度坐标的交点即为试样中未知元素的含量。

用标准曲线法测定时,未知试液的吸光度应落在标准曲线中部;用标准加入法时,则应使浓度依次增加的量 $c_s \approx c_x$,以防止直线斜率过大或过小而引入误差。

仪器与试剂

1. 仪器

Sollar M6 原子吸收分光光度计(选用钙空心阴极灯),乙炔,空气压缩机, 50mL 容量瓶,移液管,50mL 烧杯。

2. 试剂

钙标准储备溶液($1000\mu g \cdot mL^{-1}$)。

钙标准溶液($100\mu g \cdot mL^{-1}$):将钙标准储备溶液用去离子水稀释 10 倍。

干扰抑制剂锶溶液($10\mu g \cdot mL^{-1}$):称取六水合氯化锶 30.4g 溶于 1000mL 去离子水中。

样品测试溶液的制备:准确移取 5.00mL 自来水(一般自来水的含钙量约为 $40 \sim 80mg \cdot L^{-1}$)。用去离子水稀释至 50.00mL。

实验步骤

方法 1:标准曲线法测定样品溶液中钙的浓度。

标准溶液的配制:

在 5 个 50mL 的容量瓶中,分别加入 0.00、1.00、2.00、3.00、4.00mL 钙标准溶液($100\mu g \cdot mL^{-1}$),加入 1mL 锶溶液($10\mu g \cdot mL^{-1}$),摇匀定容。在选定的溶液酸度和仪器工作条件下,以去离子水为作参比来调零。分别测定标准溶液的吸光度,作出吸光度—钙浓度标准曲线。

以去离子水为空白样品,测定样品溶液的吸光度。

方法 2:标准加入法测定样品溶液中钙的浓度。

线性范围的测定:

在 6 个 50mL 容量瓶中,分别加入 0.00、1.00、2.00、3.00、4.00 和 5.00mL

钙标准溶液($100\mu g \cdot mL^{-1}$),加入 1mL 的锶溶液($10\mu g \cdot mL^{-1}$),摇匀定容。在选定的溶液酸度和仪器工作条件下,以去离子水作为参比来调零。分别测其吸光度,在计算机上作出吸光度—钙浓度标准曲线,计算出回归方程,并确定在选定条件下钙测定的线性范围。

样品的测定:

于 5 个 50mL 容量瓶中,分别准确加入相同的一定量的(视钙含量而定)样品测试溶液,再分别加入钙标准溶液($100\mu g \cdot mL^{-1}$)0.00、1.00、2.00、3.00 和 4.00mL 和加入 1mL 的锶溶液($10\mu g \cdot mL^{-1}$),用去离子水稀释至刻度,摇匀。在选定的实验条件下,以空白样品为参比,测定各溶液的吸光度。

实验结果处理与讨论

方法 1:

以吸光度为纵坐标、加入的标准溶液浓度为横坐标作 $A\text{-}c$ 图,根据样品测试溶液的吸光度从图上得出测定溶液的含量,进而计算出自来水中钙含量($mg \cdot L^{-1}$)。

方法 2:

以吸光度为纵坐标、加入的标准溶液浓度为横坐标,用外推法,根据样品溶液的稀释倍数,计算出自来水中钙含量($mg \cdot L^{-1}$)。

注意事项

(1)乙炔为易燃气体,容易爆炸,使用时须遵守操作规程(见实验室的安全规定)。

(2)雾化器和燃烧器是仪器的主要部件,应正确使用、保养。浓度过大的溶液不能直接吸喷。

思考题

(1)根据钙元素性质,解释燃气及助燃气流量选择实验的结果。

(2)本实验中锶溶液的作用是什么?

(3)采用标准加入法时应注意什么?

(4)使用原子吸收分光光度计进行火焰原子吸收分析,应优化那些参数?

实验 12　气相色谱法测定苯、甲苯和乙醇的含量

实验目的

(1)熟悉填充柱色谱、毛细管色谱的使用方法。

(2)熟悉柱效、分离度与柱性能的关系。

(3)熟悉气相色谱中保留值定性与归一化法定量的分析方法。

(4)了解气相色谱仪的构造和分析原理

实验原理

气相色谱仪的基本构造如图 3-1 所示：

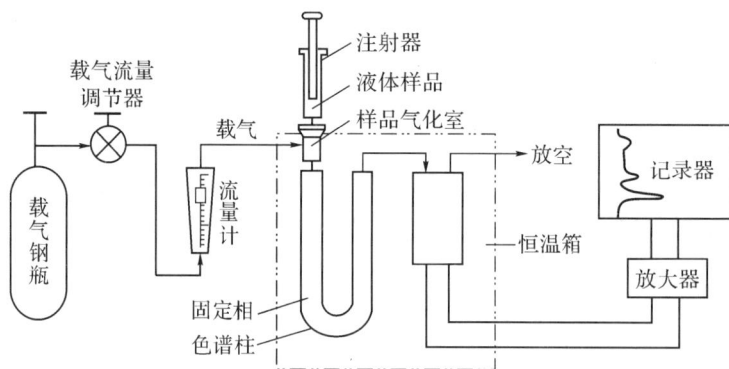

图 3-1　气相色谱仪的基本构造图

　　气相色谱法也称色谱法、层析法，是样品分离、分析的一种重要方法。气相色谱法是以气体作为流动相的色谱分析方法。气相色谱是一种应用很广泛、实用、快速的定性、定量分析技术。气相色谱法的应用范围：在色谱柱温度条件下，可分析有一定气压且热稳定性能好的样品，一般可以直接进样分析气体和易于挥发的有机化合物，对于不易挥发或极易分解的物质，可转化成易挥发和热稳定性能好的衍生物进行分析，部分物质可采用热裂解的办法，分析裂解后的产物。据统计，气相色谱法可以分析有机物中 20%～30% 的化合物，而这些有机物正是应用最广泛的一部分。对于气相色谱分析来说，色谱柱的选择十分重要，用于气体及低沸点烃类分析的气固色谱中使用硅胶、分子筛等固体吸附剂，在气液色谱中使用液态固定相，填充柱中是将选定的固定相涂布于载体上，毛细管柱中则是将固定液直接涂布或通过化学交联键合于通过处理的毛细管管壁上。

典型的固定液:如 SE30,SE54,OV101,DNP,PEG20M 等。

分离非极性物质一般选用非极性的固定液,组分按沸点顺序流出。分离极性物质选用极性固定液,极性小的先流出。柱效参数以理论塔板数 N 和理论塔板高度 H 表示:

理论塔板数 $N = 16\left(\dfrac{t_R}{W_b}\right)^2 = 5.54\left(\dfrac{t_R}{W_h}\right)^2$

理论塔板高度 $H = \dfrac{L}{N}$

分离度 $R = \dfrac{t_{R2} - t_{R1}}{\dfrac{1}{2}(W_{b1} + W_{b2})}$

式中:t_R 为保留时间,W_b 为峰底宽,W_h 为半峰宽,L 为柱长。计算时要注意单位。

定性分析:在气相色谱条件不变的情况下,每一可气化的物质都有各自确定的保留值,故可用保留值进行定性分析。对于多组分混合物,若色谱峰均能分开,则可以将各峰的保留值与各相应的标准样品在相同条件所测定的保留值进行对照,这是气相色谱最常用的定性分析方法。

定量分析:定量分析是建立在检测信号 A_i(峰面积)的大小与进入检测器的被测组分的量 W_i(浓度或重量等)成正比的基础上的。即:

$$W_i = f_i A_i$$

式中:f_i 为校正因子,表示单位峰面积所代表的某种物质的质量,它与物质的性质有关。

称取一定量的待测物质 W_i 与纯标准物质 W_s,混合均匀后取适量进样。从色谱仪得到的峰面积分别为 A_i 和 A_s,这样 i 物质相对于 s 物质的相对校正因子可按下式求得:

$$f_i = \frac{W_i A_s}{W_s A_i}$$

标准物质 $f_s = 1$。

当待测样品中所有组分都能流出色谱柱并在检测器上产生信号,则可采用归一化法定量,i 组分的含量可从下式求得:

$$P_i = \frac{f_i A_i}{\sum f_i A_i} \times 100\%$$

仪器与试剂

1. 仪器

气相色谱仪(含色谱工作站或积分仪),填充柱或毛细管柱,固定相 OV101,

热导检测器,微量进样器。

2.试剂

苯(A.R),甲苯(A.R.),无水乙醇(A.R.)。

苯、甲苯、无水乙醇三组分混合标准溶液,重量比为 1∶1∶1。

苯、甲苯、无水乙醇三组分混合溶液,各组分含量未知。

实验步骤

(1)按操作说明书使仪器正常运转;柱温 65℃,检测器温度 180℃,气化室温度 180℃,载气氢气流量 40mL·min⁻¹(填充柱)。

(2)仪器稳定后,用微量进样器分别迅速注入适量(本实验为 0.5～1.0μL)的苯、甲苯、无水乙醇,在记录仪上可得到色谱峰。记录各峰保留时间及苯的峰面积。

(3)在完全相同的条件下,用微量进样器分别迅速注入适量的标准溶液与未知含量溶液。记录各峰的峰面积和保留时间,并记录一组峰宽数据。重复操作 2～3 次。

实验数据及处理

(1)根据公式,以苯的试验数据计算理论塔板数 N 和理论塔板高度 H。

(2)比较各种纯试剂在混合溶液中的保留值,确定各是什么物质的吸收峰。

(3)计算甲苯和乙醇以苯为标准的相对校正因子。

(4)计算未知物中苯、甲苯与乙醇的含量。

(5)根据公式计算分离度。

注意事项

(1)进样速度要快,保证瞬间全部气化,才能得出准确的数值。

(2)严格控制色谱条件(包括柱温、载气流速、进样口温度、检测器温度等),才能保证保留时间重现,这是色谱定性的基础。

(3)峰宽数据可从试验结果中记录,也可从峰高、峰面积数据计算。

思考题

(1)色谱仪的开启原则是什么(即先开什么后开什么)? 不然会产生什么后果? 关机的次序又是怎样?

(2)在求取理论塔板高度时,若计算中 W_b 用毫米计,则保留值应用何单位?

(3)配制混合标准溶液时为什么要准确称量?测量校正因子时是否要严格控制进样量?

(4)影响分离度的因素有哪些？提高分离度的途径有哪些？

实验13　气相色谱法测定药物中有机溶剂残留量

实验目的

(1)掌握内标法、外标法测定杂质含量的方法。

(2)熟悉气相色谱—氢火焰离子化检测器法(GC-FID)测定原料药中残留有机溶剂的方法。

(3)熟悉气相色谱仪的工作原理和操作方法。

(4)了解顶空气相色谱仪的作用和原理。

实验原理

气相色谱定量分析是根据检测器对溶质产生的响应信号与溶质的量成正比的原理,通过色谱图上的峰面积或峰高,计算样品溶质的含量。常用的定量方法有以下几种:

1.归一化法

是气相色谱中常用的一种定量方法。应用这种方法的前提条件是试样中各组分必须全部流出色谱柱,并在色谱图上都出现谱峰。

2.外标法

用待测组分的纯品作对照物质,以对照物质和样品中待测组分的响应信号相比较进行定量的方法。外标法是所有定量分析中最通用的一种方法,可分为工作曲线法和外标一点法等。外标法简便,不需要校正因子,但进样量要求十分准确,操作条件也需要严格控制;它适用于控制分析和大量同类样品的分析。

3.内标法

是一种间接或相对的校准方法。在分析待测样品中某组分含量时,加入一种内标物质以校准和消除由于操作条件的波动而对分析结果产生的影响,以提高分析结果的准确度。内标法在气相色谱定量分析中是一种重要的技术。使用内标法时,在样品中加入一定量的标准物质,它可被色谱柱所分离,又不受试样中其他组分峰的干扰,只要测定内标物和待测组分的峰面积与相对响应值,即可求出待测组分在样品中的百分含量。内标法的缺点是操作程序较为麻烦,每次分析时内标物和试样都要准确称量,有时寻找合适的内标物也有困难。

4.标准加入法

可以看作是内标法和外标法的结合。具体操作是取等量样品若干份,加入不同浓度的待测组分的标准溶液进行色谱分析,以加入的标准溶液的浓度为横坐标、峰面积为纵坐标绘制工作曲线。样品中待测组分的浓度即为工作曲线在横坐标延长线上的交点到坐标原点的距离。由于待测组分以及加入的标准溶液处在相同的样品基体中,因此,这种方法可以消除基体干扰。但是由于对每一个样品都要配制三个以上的含样品溶液和标准溶液,因此这种方法不适合大批样品的分析。

顶空气相色谱法(HS-GC)又称液上气相色谱分析,它采用气体进样,分析速度快,分析过程中无需用有机溶剂进行提取,对分析人员和环境危害小,操作简便,对柱子污染少,谱图简单,干扰峰少,是一种符合"绿色分析化学"要求的分析手段,因此被广泛地用于环境检测、生物医学、化工产品、食品和卫生防疫等领域。

顶空气相色谱法是利用液(固)体中的挥发性组分在密闭恒温系统中达到平衡后,气相和液(固)相中挥发性组分比值恒定的原理,对平衡后液(固)体上部的蒸气进行气相色谱分析。试样置于密闭容器中,恒温下达到气液平衡后气体分子溢出和返回液相的速率达到动态平衡,此时组分在气相中的浓度相对恒定,其蒸气压可由拉乌尔定律表示:$P_i = P_i^0 X_i$。P_i 为组分蒸气压,P_i^0 为纯组分饱和蒸气压,X_i 为组分在溶液中的摩尔浓度。顶空气相色谱法所得的是试样上方气相组分 X_i 的峰面积 A_i 值与该组分蒸气压 P_i 成正比。当温度和其他实验参数固定时可得 $A_i \propto X_i$,该公式为定量计算的基础。

仪器与试剂

1. 仪器

气相色谱仪 Agilent6890N(带顶空进样器),弱极性或中等极性气相色谱柱 HP-5,1～5μL 微量注射器。

2. 试剂

甲醇、乙腈、二氯甲烷、三氯甲烷、丙酮、正丙醇、地塞米松磷酸钠原料药。

实验步骤

(一)地塞米松磷酸钠(Dexamethasone Sodium Phosphate)中甲醇和丙酮的检测

1. 色谱条件

色谱柱:HP-5;	柱长:30m;	内径:0.25mm;
柱温:50℃;	气化室温度:150℃;	检测器温度:200℃(FID);
载气:N$_2$;	流速(N$_2$):1mL·min^{-1};	空气:300mL·min^{-1};

H_2:30mL・min^{-1};进样量:1μL。

2. 溶液制备与测定

精确量取甲醇 10μL(相当于 7.9mg)与丙酮 100μL(相当于 79mg),置于 100mL 量瓶中,精确加入 0.1% 正丙醇(内标物质)溶液 20mL,加水稀释至刻度,摇匀,作为对照溶液;另精确称取本品约 0.16g,置于 10mL 量瓶中,精确加入上述内标溶液 2mL,加水溶解并稀释至刻度,摇匀,作为供试品溶液。取上述溶液,照气相色谱法,按正丙醇计算的理论板数应大于 700。含丙酮不得超过 5.0%(g・g^{-1}),并不得出现甲醇峰。

3. 计算

按下式计算定量校正因子(f)和检品中丙酮的含量(g・mL^{-1}):

$$定量校正因子(f) = \frac{A_{丙醇}}{A_{丙酮}} \times \frac{C_{丙酮}}{C_{丙醇}}$$

$$样品中丙酮的百分含量 = \frac{\dfrac{供试品中丙酮峰面积}{供试品中正丙醇峰面积} \times f \times C_{丙醇}}{样品取样量/10} \times 100\%$$

式中:A 为峰面积,C 为含量(g・mL^{-1})。

(二)顶空气相色谱法测定有机溶剂甲醇、乙腈、二氯甲烷、三氯甲烷

1. 色谱条件

色谱柱:HP-5;毛细管柱:5% phenylmethylsiloxane,30m× 0.25mm;

柱温:45℃;气化室温度:180℃;检测器温度:200℃(FID);

H_2:30mL・min^{-1};空气:300mL・min^{-1};流速(N_2):1mL・min^{-1};

分流比:3:1;样品溶液:80℃加热 10min,(自动)顶空进样。

2. 溶液制备

(1)取甲醇 100μL、乙腈 30μL、二氯甲烷 10μL、三氯甲烷 10μL,分别加入不含有机物的水至 100mL,作为定位溶液。

(2)另取上述同样量的有机溶剂,混合,加入不含有机物的水至 100.0mL,作为有机残留溶剂的限度试验对照溶液。取 1mL 对照溶液,加水至 100.0mL,测定有机溶剂的检测限。

(3)取某药物约 0.3g,精确称量,加 3.0mL 不含有机物的水使之溶解(如果样品在水中不溶,可用适当浓度的二甲基甲酰胺(DMF)水溶液溶解样品),作为供试品溶液。

3. 分离度与系统适用性试验

取定位溶液在上述色谱条件下测定,记录色谱图和保留时间。取对照溶液重复进样,计算各成分峰的分离度、柱效及色谱峰面积的相对标准差。另取对照溶液的稀释液进样,计算药物中各有机溶剂的检测限。参照下表格式记录色谱

参数：

有机溶剂	保留时间 （min）	峰面积（重复进样）			RSD （%）	柱效 （n）	分离度 （R）	检测限溶 液峰面积
		1	2	3				
甲　　醇								
乙　　腈								
二氯甲烷								
三氯甲烷								

4. 样品测定

取供试品溶液，在上述色谱条件下进样，记录色谱图，外标法计算含量。

注意事项

1. 色谱柱的使用温度

各种固定相均有最高使用温度的限制，为延长色谱柱的使用寿命，在分离度达到要求的情况下尽可能选择低的柱温。开机时，要先通载气，再升高气化室、检测器温度和分析柱温度，为使检测器温度始终高于分析柱温度，可先加热检测器，待检测器温度升至接近设定温度时再升高分析柱温度；关机前须先降温，待柱温降至 50℃以下时，才可停止通载气、关机。

2. 进样操作

为获得较好的精密度和色谱峰形状，进样时速度要快而果断，并且每次进样速度、留针时间应保持一致。

3. 检测器的使用

为避免被测物冷凝在检测器上而污染检测器，检测器的温度必须高于柱温30℃，不得低于 10℃。

思考题

(1)气相色谱定量分析方法通常有几种方法，各有什么优缺点？

(2)顶空气相色谱分析方法的原理是什么？

(3)根据顶空气相色谱分析方法的原理，我们应该注意哪些事项？

实验 14　高效液相色谱法测定 APC 药物中的有效成分

实验目的

(1)了解试样（APC 片剂）的处理方法。

（2）熟悉 HPLC 中流动相的组成和 pH 值对组分的滞留和分离的影响。

（3）掌握高效液相色谱仪的操作要点及外标法。

实验原理

由于高效液相色谱法具有分离效能高、选择性好、灵敏度高、分析速度快、适用范围广（样品无需气化，只需制成溶液即可）、色谱柱可反复使用的特点，在中国药典中约有 50 种中成药的定量分析采用该法，已成为中药剂含量测定最常用的分析方法。

APC（复方阿司匹林）是应用广泛的解热镇痛药，其有效成分为乙酰水杨酸（阿司匹林）、非那西丁和咖啡因。乙酰水杨酸易水解，在生产及贮藏期中容易引入水解产物（水杨酸），APC 的分析往往也包括水杨酸的测定。采用 HPLC 可将上述成分分离，HPLC 中流动相的组成和 pH 值对组分的滞留和分离影响很大。实验证明，以 26%(V/V) 的甲醇水溶液（pH＝2.3）为流动相，上述组分可在 ODS 柱上达到满意的分离，且分析时间较短。上述组分均有紫外吸收，可采用紫外吸收检测（λ＝285nm）。

在相同的操作条件下，分别将等量的试液和含待测组分的标准溶液进行色谱分析，比较试液和标准溶液中待测组分的峰值，即可求出试液中待测组分的含量：

$$X_i = E_i \times \frac{A_i}{A_s}$$

式中：X_i 为试液中组分 i 的含量；E_i 为标准溶液中组分 i 的含量；A_i 为试液中组分 i 的峰值；A_s 为标准溶液中组分 i 的峰值。

此即为外标法。

仪器与试剂

1.仪器

高效液相色谱仪，色谱柱 4.6mm×150mm，5μmODS，紫外可见检测器，20μL 定量管，50μL 微量注射器，精密酸度计，超声波振荡器，研钵，0.45μm（或 0.5μm）滤膜（水系、有机系），减压抽滤系统，烧杯、搅棒、量筒、容量瓶及移液管等。

2.试剂

甲醇（A.R），KH$_2$PO$_4$（A.R），H$_3$PO$_4$（A.R），APC 片剂，阿司匹林，水杨酸，咖啡因，非那西丁的纯品或标准试剂，水为去离子蒸馏水。

实验步骤

1. 流动相的制备

准确称取 KH_2PO_4 1.3609g 置于 50mL 烧杯中，加 20mLH_2O 搅拌、溶解、转移至 1000mL 容量瓶中。以 500mL 量筒量取甲醇 260mL，倾入容量瓶中，加 H_2O 至接近刻度处，摇匀。滴加 10％磷酸溶液调节上述溶液至 pH＝2.3（精密酸度计测定、标准缓冲溶液为邻苯二甲酸氢钾），再滴加 H_2O 至容量瓶刻度、摇匀。

流动相应以 $0.45\mu m$ 滤膜减压过滤，超声波脱气 30min。

2. 试液和标准溶液的配制

（1）试液的配制

取 APC 片剂 5 片，称量，于研钵中研细、混匀，准确称取相当于 1 片的细粉置 50mL 烧杯中，加入甲醇 10mL，超声波振荡 20min。转移到 100mL 容量瓶中，以甲醇稀释至刻度，摇匀，即制成储备液。用移液管移取储备液 5mL 于 25mL 容量瓶中，以流动相稀释至刻度，即制成稀释液。

（2）标准溶液的配制

精确称量并用甲醇配制阿司匹林（0.5mg·mL^{-1}）、水杨酸（0.5mg·mL^{-1}）、咖啡因（0.1mg·mL^{-1}）、非那西丁（0.5mg·mL^{-1}）四种标准溶液，在冰箱中储存。

3. 色谱条件及操作

色谱柱：4.6×150mm，$5\mu m$ODS；

流动相：0.01mol·L^{-1} KH_2PO_4 溶液（内含 26％甲醇，并以 10％H_3PO_4 溶液调节 pH＝2.3）；

流速：2.0mL·min^{-1}；

检测器：紫外，285nm，灵敏度（AM/FS）0.32；

定量管：$20\mu L$。

开机，将流速、波长、灵敏度和走纸速度等设置好，待基线平稳后即可进样。

将进样阀置于取样位置，用 $50\mu L$ 微量注射器取约 $35\mu L$ 试液注入，充满定量管，旋转进样阀至进样位置，计时，得液相色谱图（图 3-2）。

同条件下注入标准溶液，得色谱图。

实验数据及处理

比较试液和标准溶液色谱图中相同组分的峰面积（或峰高），按外标法计算公式可求出试液中的有效成分的含量为 X_i(mg·mL^{-1})。

每片 APC 中有效成分的含量由厂方提供（见下表）。

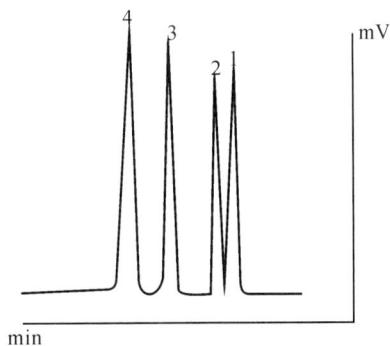

图 3-2　APC 试液色谱图

1—咖啡因；2—阿司匹林；3—非那西丁；4—水杨酸

APC 片剂中有效成分的含量（厂家标示值）：

有效成分	阿司匹林	非那西丁	咖啡因
含量(mg/片)	220	150	35

以上述标准值计算某成分的相对误差，并讨论。

注意事项

(1)制备试液时务必将 APC 片研细，以保证提取充分。

(2)使用甲醇宜在通风橱内操作。

(3)流动相、试液均应以 0.45μm 滤膜减压过滤，以免堵塞进样阀、毛细管和色谱柱。

(4)阿司匹林易水解，水杨酸易氧化，配制的标准溶液在冰箱中储存可使用一周。

(5)按上述步骤可以确定试液色谱图中每个峰的归属，并测定其含量，若配制混合标准溶液，则可一次测定四种成分的含量。

思考题

(1)为什么 HPLC 中流动相的组成和 pH 值对组分的滞留和分离影响很大？若要考察这种影响应如何安排实验条件？

(2)紫外可见检测器灵敏度 AU/FS 是什么意思？

(3)配制 0.01mol·L^{-1}KH$_2$PO$_4$ 溶液 1000mL，应称取 KH$_2$PO$_4$ 多少克？欲使该溶液 pH=2.3，应滴加 10%H$_3$PO$_4$ 多少 mL？(H$_3$PO$_4$ pK_{a1}=2.12，pK_{a2}=7.20，pK_{a3}=12.36)

(4)流动相使用前为什么要脱气？脱气有哪些方法？

实验15　反相高效液相色谱法分离测定混合芳烃

实验目的

(1)了解用高效液相色谱仪构造及分析原理
(2)进一步理解定量校正因子的意义和测定方法。

实验原理

液相色谱仪的基本构造方块图：

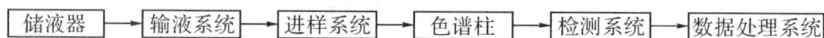

储液器 → 输液系统 → 进样系统 → 色谱柱 → 检测系统 → 数据处理系统

以高压液体为流动相的液相色谱分析方法称高效液相色谱法（HPLC），是用高压泵将具有一定极性的单一溶剂或不同比例的混合溶剂泵入装有填充剂的色谱柱，经进样阀注入的样品被流动相带入色谱柱内进行分离后依次进入检测器，由记录仪、积分仪或数据处理系统记录信号并进行数据处理而得到分析结果。高效液相色谱法是目前应用广泛的分离、分析、纯化有机化合物（包括能通过化学反应转变为有机化合物的无机物）的有效方法之一。在已知的有机化合物中，约有 80% 能用高效液相色谱法分离、分析，而且由于此法条件温和，不破坏样品，因此特别适合高沸点、难气化挥发、热稳定性能差的有机化合物和生命物质。根据固定相与流动相极性的不同，液—液色谱法又可分为正相色谱法和反相色谱法，当流动相的极性小于固定相的极性时称正相色谱法，主要用于极性物质的分离及分析；当流动相的极性大于固定相的极性时称反相色谱法，主要用于非极性物质或中等极性物质的分离及分析。

稠环芳烃具有共轭双键，中间的 π 键和 π 键相互作用生成大 π 键，由于大 π 键各能级间距离较近，电子容易激发，发生 $\pi \rightarrow {}^*\pi$ 跃迁，对紫外光有明显的吸收，使用 UV 紫外分光光度检测，由于能溶于甲醇则可用反相色谱分离，选用非极性的 C_{18} 烷基键合为固定相，甲醇—水为流动相，在相同的实验条件下，根据测得未知物的各组分保留时间，与已知纯物质作对照进行定性，根据出峰的峰面积大小进行定量。

由于检测器对各种化合物的响应不同，相同量的不同组分在色谱图上呈现的面积大小不同，因此必须输入已知标准物的准确重量，测定各组分的定量校正因子（F）。

仪器与试剂

1. 仪器

高效液相色谱仪,25μL 微量注射器,M-50 型微孔滤膜,超声波清洗器。

2. 试剂

所用化学试剂除尿嘧啶(生化试剂)外均为 AR 级。

(1)标准混合物溶液:分别含有 50mg・mL^{-1}的苯、甲苯、乙苯、正丙苯和正丁苯的甲醇溶液。标准混合物亦可用苯、甲苯、邻二甲苯、异丙苯混合芳烃代替,采用(80+20)甲醇—水流动相进行定量分离。

(2)不保留物溶液:0.250mg・mL^{-1}的尿嘧啶甲醇溶液。

(3)流动相:用重蒸的甲醇和去离子水配制。使用之前应经过过滤和除气处理。

实验步骤

1. 实验条件

色谱柱:Nova-Pak C$_{18}$,4μm,3.9mm×150mm。

流动相:CH$_3$OH+H$_2$O(85+15;75+25)。

检测波长:254nm。

进样体积:20μL。

流动相流速:1mL・min^{-1}。

不保留物:尿嘧啶。

样品:苯—甲苯—乙苯—正丙苯—正丁苯混合液。

温度:室温。

2. 更换(85+15)甲醇—水流动相

按 HPLC 仪器的操作步骤启动仪器,并使之正常运行,让色谱系统达到平衡。

3. 标准溶液的配制

取一个 10mL 容量瓶,移入 1.00mL 标准混合物溶液,用甲醇稀释至刻度,即各组分的浓度均为 5.0mg・mL^{-1}。另取四个 10ml 容量瓶,分别移入上述稀释标准混合物溶液 0.50、1.00、1.50 和 2.00mL,用甲醇稀释至刻度,各组分的浓度分别为 0.25、0.50、0.75 和 1.00 mg・mL^{-1}。

4. 动相组成对保留值的影响

(1) 注入 5.0μL 不保留物溶液,记录色谱图;

(2) 注入 20.0μL 0.25 mg・mL^{-1}标准溶液,记录色谱图;

（3）更换（75＋25）甲醇—水流动相，让色谱柱达到平衡。重复步骤 4 的（1）和（2）。

5.标准工作曲线

分别注入 $20\mu L$ 不同浓度的标准溶液，记录色谱图。

6.试液的测定

分别注入 $20\mu L$ 试液 Ⅰ 和 Ⅱ，记录色谱图。

7.实验结束时的操作

用甲醇清洗色谱系统和注射器，按仪器的操作步骤关机。

实验结果处理

（1）以 $0.25\ mg\cdot mL^{-1}$ 浓度的标准溶液为例，计算两种不同比例的甲醇—水流动相，各组分的容量因子 k' 值和相邻两组分的相对保留值（$\alpha = k'_2 / k'_1$）。观察容量因子和相对保留值受流动相中甲醇比例影响的情况。

（2）以峰面积对样品各组分含量绘制标准工作曲线。

（3）根据试液的保留时间和峰面积大小进行定性定量分析。

注意事项

（1）严格保持色谱条件：包括流动相的配比组成、流速、色谱柱的柱温以及 UV 吸收波长等不变，待基线走稳才能保证良好的重复性和准确性。

（2）反相液相色谱使用非极性的固定相，绝对不可使用非极性的流动相，以防固定相的流失。

（3）为了获得良好的分析结果，微量进样器的进样量要准确，不得让进样器内含有气泡，针头的残液要用干净滤纸吸干。

（4）微量注射器使用不当容易引起试样污染。吸取不同试液或试样含量相差较大溶液时，应事先用溶剂将微量注射器内部彻底清洗干净，并用试液抽洗三次。

思考题

（1）什么叫正相液相色谱法？什么叫反相液相色谱法？本实验采用的是什么方法？

（2）紫外分光检测器是否适用于所有的有机化合物？为什么？

（3）若实验获得的色谱峰太小，你应如何改善实验条件？

实验 16 紫外光谱测定饮料中的咖啡因含量

实验目的

(1)了解紫外—可见分光光度计的基本原理、仪器结构,掌握紫外—可见分光光度计的使用。

(2)应用紫外吸收光谱测定饮料中咖啡因的含量,学习紫外吸收光谱定量方法。

实验原理

紫外光谱仪的基本构造方块图:

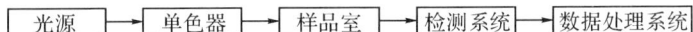

光源 → 单色器 → 样品室 → 检测系统 → 数据处理系统

紫外—可见吸收光谱法是基于分子内电子跃迁产生的吸收光谱进行分析的一种常用光谱分析法。分子在紫外—可见区的吸收与其电子结构紧密相关。紫外光谱的研究对象大多是具有共轭双键结构的分子,它可以用于异构体的辨别、有机化合物的定性分析以及定量分析。紫外光谱的定性分析方法主要有标准物光谱对照法、标准光谱图对照法以及最大吸收波长的理论计算与实验对照法,如Fieser-Woodward 规则、Scott 规则等。紫外吸收光谱是宽带光谱,如果在被分析的紫外区域共存物也存在紫外吸收,很有可能对待分析物的定性与定量产生干扰。因此,紫外吸收光谱在实际应用中一般都用于基体成分不是很复杂的试样分析,如药物的分析、某些食品添加剂的分析等。对于基体复杂的试样,被测组分需经萃取、层析等方法与基体中其他组分分离后进行测定。另外,光谱数学方法,如双波长法、导数光谱法等对提高光谱分析的选择性也起到良好的作用。

咖啡因的三氯甲烷溶液在 276.5nm 下有最大吸收,其吸收值的大小与咖啡因的浓度成正比,从而可进行定量分析。

仪器与试剂

1.仪器

紫外分光光度计。

2.试剂

无水硫酸钠,三氯甲烷,1.5%高锰酸钾溶液,10%无水亚硫酸钠与 10%硫氰酸钾混合溶液,15%磷酸溶液,20%氢氧化钠溶液,20%乙酸锌溶液,20%亚铁氰化钾溶液,咖啡因标准样 98% 以上,咖啡因标准储备液 0.5mg·mL^{-1}。

实验步骤

1. 样品准备

可乐型饮料:在 250mL 的分液漏斗中,准确移入 10~20mL 经超声脱气后的均匀可乐饮料试样,加入 1.5% 高锰酸溶液 5mL,摇匀,静置 5min,加入无水亚硫酸钠与 10% 硫氰酸钾混合溶液 10mL 摇匀,加入 15% 磷酸溶液 1mL,摇匀,加入 50mL 三氯甲烷,振摇 100 次,静置分层,收集三氯甲烷。水层再加 40mL 三氯甲烷,振摇 100 次,静置分层,合并两次三氯甲烷萃取液,用三氯甲烷定容,摇匀,备用。

咖啡或茶叶及其固体制成品:在 100mL 烧杯中称取经粉碎成低于 30 目的均匀样品 0.5~2.0g,加入 80mL 沸水,加盖摇匀,浸泡 2h,然后将浸出液全部移入 100mL 的容量瓶,加入 20% 乙酸锌溶液 2mL,加入 10% 亚铁氰化钾 2mL,摇匀,用水定容,静置沉淀,过滤。取滤液 5.0~20mL 按上述操作制成 100mL 三氯甲烷溶液备用。

咖啡或茶叶的液体制成品:在 100mL 容量瓶中准确移入 10.0~20.0mL 均匀样品,加入 20% 乙酸锌溶液 2mL,摇匀,加 10% 亚铁氰化钾溶液 2mL,摇匀,用水定容,摇匀,静置沉淀,过滤。取滤液 5.0~20mL 按上述操作进行,制备 100mL 三氯甲烷溶液,备用。

2. 标准曲线的绘制

用 0.5mg·mL^{-1} 的咖啡因标准储备液加重蒸三氯甲烷配制成浓度分别为 0、5、10、20μg·mL^{-1} 的标准系列,以 0μg·mL^{-1} 作参比,调节零点,用 1.0cm 比色皿于 276.5nm 下测量吸光度,作吸光度—咖啡因浓度的标准曲线或求出直线回归方程。

3. 样品的测定

在 25mL 具塞试管中,加入 5g 无水硫酸钠,倒入 20mL 样品的三氯甲烷制备液,摇匀,静置。将澄清的三氯甲烷用 1.0cm 比色皿于 276.5nm 下测量吸光度,根据标准曲线(或直线回归方程)求出样品的吸光度相当于咖啡因的浓度 C（μg·mL^{-1}）,同时用重蒸三氯甲烷做试剂空白测定。

实验数据及处理

可乐型饮料中咖啡因含量 $= \dfrac{100(C - C_0)}{V}$（μg·mL^{-1}）;

咖啡或茶叶及其固体制成品中咖啡因含量 $= \dfrac{100(C - C_0)}{mV_1}$（μg·100g^{-1}）;

咖啡或茶叶的液体制成品中咖啡因含量 $= \dfrac{100(C - C_0)}{VV_1}$ $(\mu g \cdot mL^{-1})$;
式中:C 为样品吸光度相当于咖啡因浓度$(\mu g \cdot mL^{-1})$;C_0 为空白试剂吸光度相当于咖啡因浓度$(\mu g \cdot mL^{-1})$;m 为称取样品的质量(g);V 为移取样品的体积(mL);V_1 为移取样品处理后水溶液的体积(mL)。

注意事项

(1)超声脱气必须充分,移取溶液必须准确。

(2)试液与标准溶液的测定条件应保持一致。

(3)石英比色皿每次测定前应用试液清洗三次。

(4)在本实验条件下,本法仪器检出限为 $0.2\mu g \cdot mL^{-1}$,方法检出限可乐型饮料为 $3mg \cdot L^{-1}$,咖啡或茶叶及其固体制成品为 $5\mu g \cdot 100g^{-1}$,咖啡或茶叶的液体制成品为 $5mg \cdot L^{-1}$。标准曲线线性范围:$0.0 \sim 30.0\mu g \cdot mL^{-1}$,相关系数 0.999,方法回收率:$90.1\% \sim 101.8\%$,相对标准偏差:小于 4.0%,允许差:同一实验室平行测定或重复测定结果的相对偏差绝对值可乐型饮料为 10%,咖啡或茶叶及其固体制成品为 15%。

思考题

(1)比较紫外光谱法与高效液相色谱法测定饮料中咖啡因含量的优缺点。

(2)标准曲线定量的优缺点是什么?

(3)是否所有的化合物都能用紫外吸收光谱作定性定量分析?

(4)若在可见区测量,仪器使用上有什么不同?

实验 17　紫外分光光度法同时测定维生素 C 和维生素 E

实验目的

(1)掌握紫外-可见分光光度计的使用。

(2)学会用解联立方程组的方法,定量测定吸收曲线相互重叠的二元混合物。

实验原理

根据朗伯—比尔定律,用紫外-可见分光光度计很容易定量测定在此光谱区内吸收的单一成分。当测定两组分并且它们的吸收峰大部分重叠时,则宜采用解联立方程组或双波长法等方法进行测定。

解联立方程组的方法是以朗伯－比尔定律及吸光度的加合性为基础,同时测定吸收光谱曲线相互重叠的二元组分的一种方法。

从图 3-3 可以看出,混合组分在 λ_1 的吸收等于 A 组分和 B 组分分别在 λ_1 的吸光度之和 $A_{\lambda_1}^{A+B}$,即 $A_{\lambda_1}^{A+B} = \varepsilon_{\lambda_1}^A bc^A + \varepsilon_{\lambda_1}^B bc^B$,同理,混合组分在 λ_2 的吸光度之和 $A_{\lambda_2}^{A+B}$ 应为

$$A_{\lambda_2}^{A+B} = \varepsilon_{\lambda_2}^A bc^A + \varepsilon_{\lambda_2}^B bc^B$$

若首先用 A、B 组分的标准样品,分别测得 A、B 两组分在 λ_1 和 λ_2 处的摩尔吸收系数 $\varepsilon_{\lambda_1}^A$,$\varepsilon_{\lambda_2}^A$ 和 $\varepsilon_{\lambda_1}^B$,$\varepsilon_{\lambda_2}^B$,当测得未知试样在 λ_1 和 λ_2 处的吸光度 $A_{\lambda_1}^{A+B}$ 和 $A_{\lambda_2}^{A+B}$ 后,解下列二元一次方程组

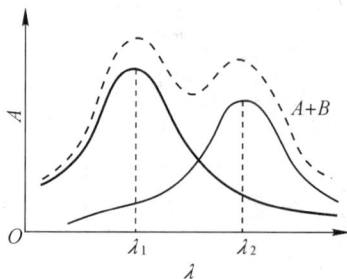

图 3-3 混合物的紫外吸收峰

$$\begin{cases} A_{\lambda_1}^{A+B} = \varepsilon_{\lambda_1}^A bc^A + \varepsilon_{\lambda_1}^B bc^B \\ A_{\lambda_2}^{A+B} = \varepsilon_{\lambda_2}^A bc^A + \varepsilon_{\lambda_2}^B bc^B \end{cases}$$

即可求得 A、B 两组分的浓度 c^A 和 c^B。

一般来说,为了提高检测的灵敏度,λ_1 和 λ_2 宜分别选择在 A、B 两组分最大吸收峰处。

维生素 C(抗坏血酸)称为水溶性维生素,维生素 E(α-生育酚)称为脂溶性维生素。维生素 C 和维生素 E 起抗氧剂作用,两者结合在一起的效果超过单独使用时的效果,因为它们在抗氧剂性能方面是"协同的"。由于这个原因,它们对于防护各种食品氧化作用是一种有效的组合试剂。

维生素 C 和维生素 E 都能溶解于无水乙醇,从而能够在紫外区测定它们。但它们的紫外吸光谱吸收峰有大部分重叠,因此宜采用解联立方程组的方法进行测定。因为维生素 C 会缓慢地氧化成为脱氧抗坏血酸,所以必须每天制备新鲜的溶液,而维生素 E 则比较稳定,可用较长的时间。

仪器与试剂

1.仪器

紫外分光光度计,石英比色皿 2 只,25mL 容量瓶 9 只,100mL 容量瓶 2 只(供标准溶液用),5mL 移液管 3 支。

2.试剂

维生素 C 储备液:$0.0132g \cdot L^{-1}$($7.50 \times 10^{-5} mol \cdot L^{-1}$)配制在无水乙醇中;

维生素 E 储备液：0.0488g・L^{-1}(1.12×10^{-4}mol・L^{-1})配制在无水乙醇中；

未知溶液：无水乙醇中含有维生素 C 和维生素 E 溶液；

无水乙醇。

实验步骤

(1)制备维生素 C 标准系列溶液：分别移取维生素 C 储备液 2.00、3.00、4.00 和 5.00mL 于 25mL 容量瓶中，用无水乙醇稀释至刻度。

(2)制备维生素 E 标准系列溶液：分别取 2.00、3.00、4.00 和 5.00mL 维生素 E 储备液，用无水乙醇溶液稀释至 25mL。

(3)以无水乙醇作为参比，测得 4 种浓度维生素 C 和 4 种浓度维生素 E 溶液在 320~220nm 的吸收光谱图，并确定 λ_1、λ_2 和在 λ_1、λ_2 上的吸光度。(λ_1、λ_2 为维生素 C 和维生素 E 的最大吸收波长)

(4)取未知液 2.50mL 于 25mL 容量瓶中，用无水乙醇稀释至刻度，摇匀。在 λ_1 和 λ_2 分别测其吸光度。

实验结果处理与讨论

(1)绘制维生素 C 和维生素 E 的吸收光谱图。确定 λ_1 和 λ_2。

(2)绘制维生素 C 和维生素 E 在 λ_1 和 λ_2 处的以吸光度对浓度作图的标准曲线。由标准曲线图确定曲线的斜率，计算每一种溶液在每个波长时的摩尔吸光系数 $\varepsilon_{\lambda_1}^{A}$、$\varepsilon_{\lambda_2}^{A}$ 和 $\varepsilon_{\lambda_1}^{B}$、$\varepsilon_{\lambda_2}^{B}$。

(3)计算未知物中维生素 C 和维生素 E 的浓度。

思考题

(1)写出维生素 C 和维生素 E 的分子结构。解释为什么一个是水溶性维生素，另一个是脂溶性维生素？为什么它们都有紫外吸收？

(2)分光光度法中，两组分同时测定时，如何选择测定波长 λ_1 和 λ_2？

(3)讨论应用这种方法测定橘汁、红莓汁、菠菜以及维生素 C 药片中维生素 C 的含量的可能性。

实验 18　红外光谱的样品制备方法

实验目的

通过实验初步掌握各种物态样品的不同制备方法，为获得高质量的光谱图创造条件。

实验内容

(1)用 KBr 压片法制备固体样品并测谱。

(2)用薄膜法制备固体样品并测谱。

(3)用糊状法制备固体样品并测谱。

(4)用液膜法制备液体样品并测谱。

在制备样品时,应注意下列几点:

(1)样品的浓度和厚度应适当,过低浓度和过薄厚度,往往使那些微弱的甚至中等强度的吸收峰消失,得不到完整的图谱;反之,又会使吸收峰的高度超越标尺刻度,得到平头峰而无法确定它的真实位置。一张好的图谱应使其吸收峰的透过率大都落在 20%～60% 范围内。

(2)样品中不应该含有游离水,水的存在不但干扰试样的吸收面貌,而且将腐蚀吸收池窗。

(3)多组分试样在测试红外光谱之前,要预先进行分离,否则各部分光谱互相重叠,致使谱图无法解释。

(4)各种样品包括气体、液体和固体,经常都需要容器,一般由不吸收红外光的金属卤化物做成,较常用的是氯化钠、溴化钾、氟化钙或氯化银制成的透明的板或容器,其中氯化钠和溴化钾最为常用。

下面简单介绍各种样品的制备方法:

(1)气体样品:气体吸收池长度通常是 50～100mm。要测量极微量气体(如测定空气污染问题),则使用多次反射长程气体池,这种吸收池光线穿过的路程可达 1 米到十几米,吸收池抽空后,导入测试气体至所需压力后即可进行测量。

(2)液体样品:沸点不太低的样品,可以直接夹在两块盐板(由氯化钠单晶做成)之间进行测量,厚度由铅制夹板控制,只需 1～10mg 样品,文献上所指的液膜法,就是指这个方法。

(3)固体样品通常有以下几种制法:

第一种称为 Nujol 法。是把样品放在玛瑙研钵中,研得很细,以石蜡油(Nujol)为分散剂,把固体样品做成糊状,夹在盐片之间,成一半透明薄膜,即可进行测量。但石蜡油系碳氢化合物,有 ν_{C-H}(3000～2850cm^{-1})和 δ_{C-H}(1460～1375cm^{-1})的吸收以及在 720cm^{-1} 处的 CH_2 平面摇摆振动,因此在这些区域会对样品光谱产生干扰。所以经常只用一种不含 C—H 键的六氯丁二烯为分散剂进行测量,这样就能获得样品的全领域光谱。

第二种是 KBr 压片法。取 1～2mg 样品,加干燥的 KBr100～200mg,用玛瑙研钵研细后,移入压片模子中加压使其成为一半透明薄片,一般直径为 13mm,厚度约为 1～2mm,把片子装在样品环上,即可进行测量。因 KBr 没有吸收带,此法可以用于测量光谱全领域。

第三种是薄膜法。把样品溶于低沸点溶液中,取适量这种溶液滴在 NaCl 盐片上,用玻棒将其摊开成膜,在红外灯下干燥,得一层薄膜即可进行测量。薄膜也可在熔融情况下制备,有些样品可用机械滚压制膜。但使用这些方法都要考虑到在制样过程中是否发生分子定向凝成晶体以及溶剂是否赶光等因素。

第四种是溶液法。定量分析经常使用溶液法测量,此法常用各种厚度固定池、密封池。其中最常用的是 0.1～0.2mm 厚度的固定池,有时也用可变池,其厚度可以连续改变。用溶液法测量时,要注意溶剂的种类和溶液的浓度,选择溶剂时不但要考虑溶解度而且要考虑到在测量的波长范围内,没有强的吸收,因此要测量全领域的光谱时,经常要用两种或几种溶剂分别配成各种溶液,各用在不同波段范围测谱。如 CCl_4 在 $1300cm^{-1}$ 以上吸收较小而 CS_2 在 $1300cm^{-1}$ 以下几乎没有吸收,要得到全领域光谱图,经常将此两种溶剂并用。

实验步骤

1. KBr 压片法制备苯甲酸固体样品

取约 1mg 苯甲酸样品于干净的玛瑙研钵中,加约 100mg 的 KBr 粉末在红外灯下研磨成细粉,粒度约为 2μ 左右比较合适,然后移入压片模中,将模子放在油压机上,加压力,在 600～650kg·cm^{-2} 压力下,维持 5min,先放气后去压,并取出模子进行脱模,可获得一片直径为 13mm 的半透明片子,将片子装在样品环上,即可进行测谱。

2. 薄膜法制备有机玻璃(聚甲基丙烯酸甲脂)固体样品

取 1～2 滴有机玻璃氯仿溶液滴在 NaCl 盐片上,用玻璃棒摊匀,放在红外灯下烘去溶剂,但挥发速度不宜过快以免产生气泡,待溶剂完全挥发掉,即可测谱。

3. 糊状法制备苯甲酸固体样品

将 10mg 粉末样品用玛瑙研钵充分研细,滴 1 滴石蜡油再继续研磨,用不锈钢刮刀刮到 NaCl 盐片上,压上另一块盐片,放在可拆液体池的池架上,即可进行测定。

4. 液膜法制备液体未知物样品

在一块干净抛光的 NaCl 盐片上,滴加 1 滴未知物样品,压上另一块盐片,这样在两块盐片之间形成一定厚度的液膜层,然后置于池架上,进行测谱。

实验数据及处理

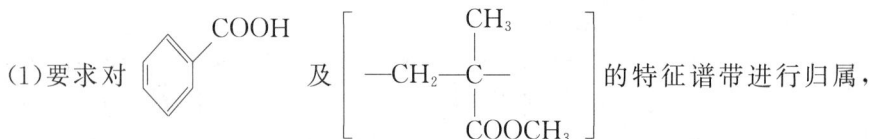

(1)要求对 [苯环-COOH] 及 $\left[-CH_2-\overset{\displaystyle CH_3}{\underset{\displaystyle COOCH_3}{C}}-\right]$ 的特征谱带进行归属,

并对苯甲酸的压片谱、糊状谱进行比较。

(2)对用液膜法测定分子式为 C_7H_8O 的未知物样品,用基团特征频率进行分析,提出可能的结构式。

思考题

(1)本实验对固体样品介绍了三种制备方法,它们各适用于哪一种情况?

(2)测红外线光谱时,样品容器一般常用氯化钠和溴化钾,它们适用的波数范围各为多少?

实验 19　苯甲酸的红外光谱测定

实验目的

(1)学习红外光谱法的基本原理及仪器构造和操作。

(2)了解红外光谱法的应用范围。

(3)初步掌握压片法制作固体试样晶片的方法。

实验原理

红外光谱仪基本构造如图 3-4 所示。

红外光谱反映分子的振动情况,当用一定频率的红外光照射某物质时,若该物质的分子中某基团的振动频率与之相同,则该物质就能吸收此种红外光,使分子由振动基态跃迁到激发态。若用不同频率的红外光通过待测物质时,就会出现不同强弱的吸收现象。

能量在 $4000\sim400cm^{-1}$ 的红外光不足以使样品产生分子电子能级跃迁,而只是振动能级与转动能级的跃迁。由于每个振动能级的变化都伴随许多转动能级的变化,因此红外光谱也是带状光谱。分子在振动和转动过程中,只有伴随净的偶极矩变化的键才有红外活性。因为分子振动伴随偶极矩改变时,分子内电荷分布变化会产生交变电场,当其频率与入射辐射电磁波频率相等时才会产生红

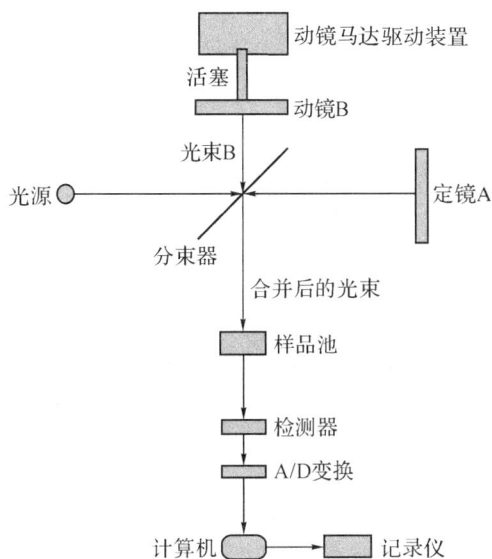

图 3-4　红外光谱仪的基本构造图

外吸收。因此,除少数同核双原子分子如 O_2、N_2、Cl_2 等无红外吸收,大多数分子都有红外活性。

　　由于各种化合物具有特征的红外光谱。因此,可以用红外光谱对物质进行结构分析。同时根据朗伯－比尔定律,若选定待测物质的某特征波数吸收峰峰高或峰面积变化,也可以对物质进行定量测定。

仪器与试剂

　　1.仪器

　　红外光谱仪,液压式压片机,玛瑙研钵,盐片,红外干燥灯。

　　2.试剂

　　KBr(A.R),无水乙醇(A.R),乙酸乙酯,苯甲酸,某未知物。

实验步骤

　　1.固体样品苯甲酸的红外光谱测定

　　取约 1mg 苯甲酸样品于干净的玛瑙研钵中,加约 100mg 的 KBr 粉末,在红外灯下研磨成细粉,粒度约为 2μ 左右比较合适,然后移入压片模中,将模子放在液压机上,加压力,在 $600\sim650$kg $\cdot$ cm^{-2} 压力下,维持 5min,放气去压,取出模子进行脱模,可获得一片直径为 13mm 的半透明片子,将片子装在样品架上,即可进行测谱。

2.未知物红外光谱测定

根据教师提供的未知物,确定样品制备方法并测谱。

实验结果处理

(1)对苯甲酸的特征谱带进行归属。
(2)推测未知物可能的结构。

注意事项

(1)固体样品经研磨(红外灯下)后仍应防止吸潮。
(2)盐片应保持干燥透明,每次测定前均应用无水乙醇及滑石粉抛光(红外灯下),切勿水洗。

思考题

(1)固体样品有哪几种制样方法,它们各适用于哪一种情况?
(2)测试红外光谱时,样品容器一般常用氯化钠和溴化钾,它们适用的波数范围各为多少?
(3)为什么红外光谱是连续的曲线图谱?

实验 20　荧光法测定维生素 B_2

实验目的

(1)学习荧光分析法的基本原理。
(2)了解荧光分光光度计的构造,熟悉仪器操作及其应用。
(3)学习测定维生素 B_2 片剂中维生素 B_2 的含量。

实验原理

荧光分光光度计基本构造如图 3-5 所示。

处于基态的被测物质的分子在吸收适当能量,如光、化学、物理能后,其共价电子从成键分子轨道或非成键分子轨道跃迁到反键轨道上去,形成分子激发态。分子激发态不稳定,将很快衰变到基态。在分子激发态返回基态的同时,常伴随着光子的辐射,这种现象就是发光现象。荧光属于分子的光致发光现象。

荧光分析法具有灵敏度高(比紫外-可见分光光度法高出 2~3 个数量级),能提供激发光谱、发射光谱、发射强度、特征峰值等信息,在生物、环保、医学、药

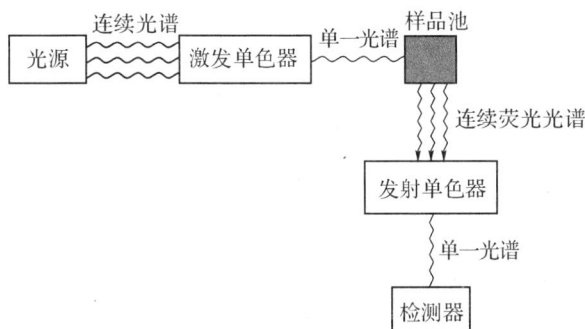

图 3-5　荧光分光光度框图

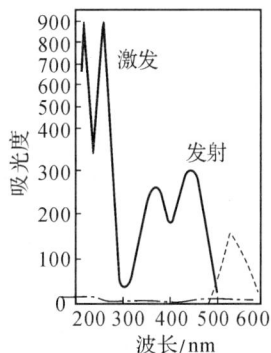

图 3-6　维生素 B_2 的激发光
谱和荧光光谱

物、石油勘探等诸多领域都有广泛的应用。本仪器不仅能直接、间接地分析众多的有机化合物，另外还可利用有机试剂间的反应，进行近 70 种无机元素的荧光分析。荧光的光谱特征是荧光光谱总是滞后激发光谱即斯托克斯位移。

　　维生素 B_2（既核黄素）的激发光谱及荧光光谱如图 3-6 所示，在 430～440nm 蓝光照射下，维生素 B_2 就会发生绿色荧光，荧光峰值波长为 535nm。在 pH 值为 6～7的溶液中荧光最强，在 pH＝11 时荧光消失。

　　本实验采用 360nm 带通片，420nm 截止片。

　　采用荧光分析常用的标准曲线法来测定维生素 B_2 的含量。

仪器与试剂

　　1.仪器

　　930 型荧光光度计（附液槽一对，滤片一盒），100mL 容量瓶 6 个，25mL 容量瓶 6 个，100mL 烧杯 1 只，玻璃漏斗 1 只，5mL 吸量管 2 支

　　2.试剂

　　维生素 B_2 标准溶液（$10.0\mu g \cdot mL^{-1}$）：称取 10.0mg 维生素 B_2，先溶解于少量的 1％醋酸中，然后在 1L 量瓶中，用 1％醋酸稀释至刻度，摇匀，溶液应贮存于棕色瓶中，置于阴凉处。

实验步骤

　　1.配置系列标准溶液

　　取 5 个 25mL 容量瓶，分别加入 0.50、1.00、1.50、2.00 和 2.50mL 维生素 B_2标准溶液，用水稀释至刻度，摇匀。

2.标准曲线的绘制

调节仪器灵敏度,用蒸馏水作空白,读数调至零,用系列标准溶液中浓度最大的溶液,调节其荧光读数为满刻度,以此作为荧光强度的基准。然后测量系列标准溶液中其他溶液的荧光强度,以荧光强度为纵坐标、标准浓度为横坐标作图。

3.维生素 B_2 片剂中 B_2 含量的测定

准确称取维生素 B_2 片剂样品 5～10mg 于 100mL 小烧杯中,加 20mL 去离子水,加热溶解趁热过滤于 100mL 容量瓶中,每次用沸水洗涤,然后稀释到刻度,吸取 2mL 于 25mL 容量瓶中,再用去离子水稀释到刻度进行荧光测定,并计算维生素 B_2 片剂中所含 B_2 的含量。

注意事项

(1)仪器在电源开关接通以前,必须检查滤色片是否已安装在仪器上,否则光电管将受损。

(2)在调零和调满刻度时,必须反复调节,三次重复不变才能进行测定。

(3)每换一次溶液,都必须调零和调满刻度。

思考题

(1)试述荧光分析的基本原理。

(2)影响相对荧光强度的因素有哪些?

实验 21　有机混合物气相色谱—质谱分析

实验目的

(1)熟悉气相色谱—质谱联用仪(GC-MS)的构造原理及操作方法。

(2)学习 GC-MS 分离与鉴定有机化合物的方法。

实验原理

气质联用仪(GC-MS),顾名思义是气相色谱法和质谱法联合使用的仪器,既具有色谱法的高分离效果,又有质谱法的高鉴别能力。GC-MS 适用于做组分混合物中未知组分的定性分析和定量分析,可以判断有机化合物的分子结构,准确测定未知组分的相对分子量等等。由于 GC-MS 所具有的独特优点,目前已经得到十分广泛的应用。可以这么说,能用气相色谱法分析的样品,基本上都能用

GC-MS 进行定性和定量检测。

GC-MS 是以气相色谱作为分离手段,质谱作为检测器,分离与鉴定有机化合物的现代分析仪器。一个多组分混合物样品通过气相色谱分离,按不同的保留时间逐一进入质谱的离子源,在 70eV 的电子轰击下,产生离子,离子经过加速与聚焦进入质量分析器,并通过快速扫描,计算机采集并处理可得到总离子色谱图及有机混合物各个组分相应的质谱图。

各类化合物的裂解都有一定的规律。饱和脂肪烃裂解时易产生质荷比(m/z)为 15、29、43、57 等一系列符合 C_nH_{2n+1} 的正离子峰,且 m/z 为 43、57 的峰最强;烯烃有明显的 $41+14n$ 峰;烷基芳烃易形成 m/z 为 91($C_7H_7^+$)的基峰;脂肪醇的分子离子峰弱,易失去一分子水并失去一分子乙烯,生成(M-18)$^+$和(M-46)$^+$峰。酮、羧酸、酯类、酰胺,当存在 γ 氢时,会产生麦克拉弗蒂(McLafferty)重排。酮类产生 m/z 为 58 的特征离子,羧酸产生 m/z 为 60 的特征离子,甲酯产生 m/z 为 74 的特征离子,乙酯产生 m/z 为 88 的特征离子,酰胺产生 m/z 为 59 的特征离子。

在含 Cl、Br、S 等高同位素的化合物中,A 和($A+2$)离子的峰强度比是十分重要的信息。

仪器与试剂

1.仪器

色质联用仪,EI 源,HP-5MS 30m × 0.25mm × 0.25μm,弹性石英毛细管柱。

2.试剂

样品溶液:包含烃、醇、酮、醛、卤代烃、酯、含氮化合物等,以乙醇为溶剂,每种组分含量为 $1\sim10$ng · μL^{-1}。

实验步骤

(1)在教师指导下开启 GC-MS 仪器,设置仪器条件。

色谱条件:HP-5MS 30m×0.25mm×0.25μm,弹性石英毛细管柱,载气为高纯氦气,流量为 1mL · min^{-1},进样量为 1μL,不分流进样,溶剂延迟 2min。进样口温度为 250℃,接口温度为 280℃,柱温为 60℃,保持 2min,以 10℃ · min^{-1}速度升至 220℃,保持 2min。

质谱条件:离子源为 EI 源,电子能量 70eV,离子源温度 230℃,四极杆温度 150℃,扫描范围 30~400amu。

(2)以全氟三丁胺(PFTBA)作质量定标。

(3)对样品进行 GC-MS 分析,得到样品总离子色谱图。

注意事项

(1)注意开机顺序,确保仪器系统不漏气。

(2)质谱仪是在高真空下工作的,仪器开启后要稳定一定的时间,仪器稳定后方可作质量定标、进样分析。

实验结果处理与讨论

(1)分析各化合物质谱图,分辨芳香族、乙酯、氯化物、含氮化合物特征离子,分辨各化合物。

(2)利用谱库检索,确定样品中的有机化合物。

(3)按教师要求,分辨几个典型化合物的分子离子峰、碎片离子峰、重排离子峰及同位素峰。

(4)质谱图的本底是如何形成的? 怎样减少本底?

(5)比较以 GC 和 GC-MS 确定有机化合物的优缺点。

思考题

(1)据你所知,质谱仪离子源有哪些?

(2)如何用 GC-MS 进行定量分析?

实验 22 蒸发光散射液相色谱法分析薯蓣皂素

实验目的

(1)了解蒸发光散射检测器的原理。

(2)掌握高效液相色谱仪的操作要点及外标法。

(3)了解蒸发光散射检测器的应用特点。

实验原理

蒸发光散射检测器(ELSD)消除了常见于其他 HPLC 检测器的缺点。示差检测受溶剂前沿峰的干扰使得分析复杂化,由于示差检测器对于温度极其敏感,基线很不稳定,与梯度洗脱不相容。另外,示差检测器的响应不如 ELSD 灵敏。在急变梯度时,低波长紫外检测器也受基线漂移的困扰,并要求被分析化合物带有发色团。ELSD 则不受这些限制。不同于这些检测器,ELSD 能在多溶剂梯度的情况下获得稳定的基线,使得分辨率更好、分离速度更快。另外,因为 ELSD 的响应不依赖于样品的光学特性,所以 ELSD 检测时样品不要求带有发色团或荧光基团。

蒸发光散射检测器的独特检测原理为:首先将柱洗脱液进入雾化形成气溶胶,然后在加热的漂移管中将溶剂蒸发,最后余下的不挥发性溶质颗粒在光散射检测池中得到检测。

步骤 1:雾化。

经 HPLC 分离的柱洗脱液雾化器,在此与稳定的雾化气体(一般为氮气)混合形成气溶胶。气溶胶由均匀分布的液滴组成,液滴大小取决于分析中采用的气体流量。气体流量越低形成的液滴越大,液滴越大则散射的光越多,从而提高了分析灵敏度,但是越大的液滴在漂移管中越难蒸发。

步骤 2:蒸发。

气溶胶中挥发性成分在加热的不锈钢漂移管中蒸发。为特定应用设置适当的漂移管温度,取决于流动相组成和流速以及样品的挥发性。流动相有机含量越高比流动相含水量越高要求蒸发的漂移管温度越低。流动相流速越低比流动相流速越高要求蒸发的漂移管温度越低。半挥发性样品要求采用较低的漂移管温度,以获得最佳灵敏度。最佳温度需要通过观察各温度的信号噪音比率来确定。

步骤 3:检测。

悬浮于流动相蒸气中的样品颗粒从漂移管进入到光散射检测池。在检测池中,样品颗粒散射激光发出的光,散射光被硅光电二极管检测,产生信号输送模拟信号输出端口,被用于工作站的数据采集。

薯蓣皂素($C_{27}H_{42}O_3$)是一种重要的合成激素类药物的原料。其最大吸收波长约为 210nm,处于末端吸收,用紫外检测器测定该成分的效果常不太理想。蒸发光散射检测器的测定范围较广,可用于测定无紫外光吸收的化合物。

其定量关系有

$$\lg I = b\lg W + \lg k$$

式中:I 为散射光强度,W 为样品量,b 和 k 为常数。

以信号强度对样品量的对数作图,可得一直线。

仪器与试剂

1.仪器

高效液相色谱仪,蒸发光散射检测器,$20\mu L$ 定量管,$50\mu L$ 微量注射器,精密酸度计,超声波振荡器,研钵,$0.45\mu m$(或 $0.5\mu m$)滤膜(水系、有机系),减压抽滤系统等。

2. 试剂

薯蓣皂甘元(对照品),甲醇(A.R),石油醚(A.R),盐酸,重蒸馏水等

实验步骤

1. 流动相的制备

流动相为甲醇,应以 $0.45\mu m$ 滤膜减压过滤,超声波脱气 30min。

2. 试液和标准溶液的制备

(1)试液的制备

取穿山龙粉 2g,精密称量,加入 $2mol \cdot L^{-1}$ 的盐酸 50mL 加热回流 3h 使其水解,冷却过滤,药渣用水洗至中性,置 80℃干燥。然后于干燥索氏提取器中,用石油醚($60\sim90$℃)30mL 水浴加热回流 4h,将石油醚挥发干后,加甲醇于残渣中并定量转移到 50mL 容量瓶中,加甲醇稀释至刻度,用 $0.45\mu m$ 微滤膜过滤,作为供试品溶液。

(2)标准溶液的配制

精确称量薯蓣皂苷元对照品 10mg,置 10mL 容量瓶中,加甲醇稀释至刻度。吸取 5、7、10、15、17μL 分别注入高效液相色谱仪测定。

3. 色谱条件及操作

色谱柱:$4.6\times150mm$,$5\mu mODS$;

流动相:甲醇;

流速:$2.0mL/min$;

检测器:蒸发光散射检测器;

定量管:$20\mu L$。

开机,将流速、波长、灵敏度和走纸速度等设置好,待基线平稳后即可进样。

将进样阀置于取样位置,用 $50\mu L$ 微量注射器取约 $35\mu L$ 试液注入,充满定量管,旋转进样阀至进样位置,计时得液相色谱图。

同样条件下注入标准溶液,得色谱图。

思考题

(1)蒸发光散射检测器的原理是什么?

(2)蒸发光散射检测的步骤有哪些?

第四章　物性及其测量

实验 23　恒温槽的安装与性能测试

实验目的

(1)了解恒温槽的构造及恒温原理,初步掌握其装配和调试的基本技术。

(2)测定恒温槽纵向和径向温度分布,绘制灵敏度曲线(温度波动—时间曲线),学会分析恒温槽的性能。

(3)掌握接触温度计的调节及使用方法。

基本原理

温度控制在物理化学实验与研究中有重要的作用,也是一些生产过程的关键。许多测量,如物性测量、化学平衡及动力学实验等都要求在恒定的温度条件下进行。

恒温就是利用某种方法使温度在所要求的温度范围内保持相对稳定,仅允许很小的波动,通常采取两种办法:一种方法是利用物质的相变点温度来实现,如液氮($-195.9\,℃$)、冰—水($0\,℃$)、干冰—丙酮($-78.5\,℃$)、沸点水($100\,℃$)、沸点硫($444.6\,℃$)、沸点萘($218.0\,℃$)、$Na_2SO_4 \cdot 10H_2O$($32.38\,℃$)等等。这些物质处于相平衡时,温度恒定而构成一个恒温介质浴,将需要恒温的测定对象置于该介质浴中,就可以获得一个高度稳定的恒温条件,但是对温度的选择性却有一定的限制。另一种方法是利用电子调节系统,对加热器或致冷器的工作状态进行自动调节,使被控对象处于设定的温度之下。实验中所用的恒温装置一般分成高温恒温($>250\,℃$)、常温恒温(室温$\sim250\,℃$)和低温恒温(室温$\sim-218\,℃$)三大类。

一般恒温:通常有恒温箱、真空干燥箱、水浴箱和恒温槽等。恒温槽是室验工作中常用的一种以液体为介质的恒温装置,用液体作介质的优点是热容量大、导热性好、使温度控制的稳定性和灵敏度大为提高。根据温度的控制范围可用以下液体介质:$-60\sim30\,℃$用乙醇或乙醇水溶液;$0\sim90\,℃$用水;$80\sim160\,℃$用甘油或甘油水溶液;$70\sim200\,℃$用液体石蜡、汽缸润滑油或硅油,一般采用电子继电器进行恒温控制。

高温恒温：通常使用电阻加热元件使体系温度达到某一高温状态。实验室中以马弗炉和管式炉最为常用。在近代物理化学实验中，温度调节采用比例、积分、微分控制，简称 PID 的温度控制调节系统，来实验高温恒温系统的温度控制这种控制是一种比较先进的模拟控制方式，适用于各种条件复杂、情况多变的实验系统。

低温恒温：对于比室温稍低的恒温控制可以用常温控制装置，在恒温槽内放置蛇形管，其中用一定流量的冰水进行循环。如需要更低的温度，亦可以采用市售的低温超级恒温槽（内部装有致冷机）。

恒温槽一般由浴槽、温度调节器、温度控制器、加热器、搅拌器和温度指示器几个部件组成，如图 4-1 所示。

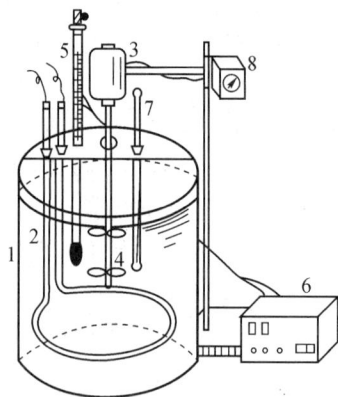

图 4-1　恒温槽装置简图

1—浴槽；2—加热器；3—马达；4—搅拌器；
5—温度调节器；6—恒温装置器；
7—精密温度计；8—调速变压器

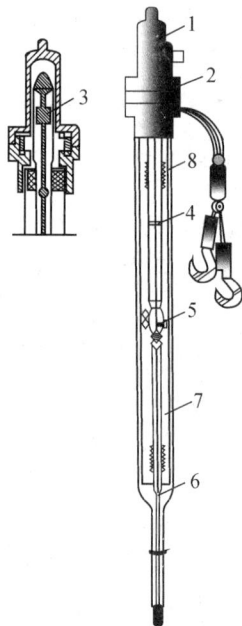

图 4-2　温度调节器（电接点水银温度计）

1—调节帽；2—磁钢；3—调温转换铁芯；
4—定温指示标杆；5—上铂丝引出线；
6—下铂丝引出线；7—下部温度刻度板；
8—上部温度刻度板

1.浴槽

浴槽包括容器和液体介质。实验时为了便于观察被恒温体系内部发生的变化情况,如液面波动、颜色改变等,恒温槽一般均采用玻璃制成,尺寸大小可根据不同要求而选定,通常可用 $20\times10^{-3}m^3$ 的圆形玻璃缸做容器。若设定的温度较高(或较低),则应对整个槽体保温,以减小热量传递速度,提高恒温精度。

恒温水浴以蒸馏水为工作介质。如对装置稍作改动并选用其他合适液体作为工作介质,则上述恒温浴可在较大的温度范围内使用。

2. 加热器

常用的是电加热器,其选择原则是热容量小、导热性能好、功率适当。根据所需恒温温度、恒温槽的大小及允许的波动温度范围可以选择不同加热器类型和功率。如容量20L、恒温25℃的恒温槽一般需要功率为500W的加热器。从能量平衡角度加以考虑,升温时可用较大功率的电加热器,当接近所需恒温温度时,可根据恒温槽的大小和所需恒温温度的高低,改用小功率加热器(如100W灯泡)或用调压变压器调节输入加热器的电压,来提高恒温精度。

3. 温度调节器

常用电接点水银温度计(即水银导电表),它相当于一个自动开关,用于控制浴槽达到所要求的温度。控制精度一般在±0.1℃。其结构见图4-2。它的下半部与普通温度计相仿,但有一根铂丝6(下铂丝)与毛细管中的水银相接触;上半部在毛细管中也有一根铂丝5(上铂丝),借助顶部磁钢2旋转可控制下铂丝的位置高低。定温指示标杆4配合上部温度刻度板8,用于粗略调节所要求控制的温度值。当浴槽内温度低于指定温度时,下铂丝与汞柱不接触;当浴槽内温度升到下部温度刻度板7指定温度时,汞柱与下铂丝接通。原则上依靠这种"断"与"通",即可直接用于控制电加热器的加热与否。但由于电接点水银温度计只允许约1mA电流通过(以防止铂丝与汞接触面处产生火花),而通过电热棒的电流却很大,必须配以继电器作为执行机构。根据不同温度控制范围和要求,应选择不同规格的温度调节器。

4. 温度控制器(继电器)

它常由继电器和控制电路组成,是控温的执行机构。一般都用晶体管继电器,它通过电子线路控制继电器的电磁线圈中的电流,使其触点断开或接触,从而控制加热器和指示灯的工作。必须注意,晶体管继电器不能在高温下工作,因此不能用于烘箱等高温场合。现在也有用热敏电阻作为温度传感元件的温度控制器。

5. 测温元件

一般均用1/10℃玻璃温度计,也可采用热敏电阻或铂电阻温度计并配合相应的仪表测定体系温度。

在实验室中还有一种特殊的温度计,叫贝克曼温度计,用放大镜可以读到

±0.002℃,但只能用它来测量体系温度的变化值(ΔT)而不能显示体系温度的绝对值。

6.电子精密数字温差测量仪

在本实验中,采用电子精密数字温差测量仪来测量体系温度的变化值(温差),是最新研制的先进温差测量仪表应用铂电阻温度计配以电子仪表,其精度与贝克曼温度计一样可达±0.002℃,它操作方便,且可避免由于贝克曼温度计操作不慎,造成水银溢出,引起对实验环境的污染。

除上述的一般玻璃缸恒温槽外,实验室中还常用"超级恒温槽"(图 1-11)恒温。其原理和普通恒温槽相同,所不同之处是它附有循环水泵,能将恒温槽中之恒温介质循环输送给所须恒温之体系(如折光仪棱镜)使之恒温。

综上所述,恒温条件是通过一系列元件的动作来获得的,因此不可避免地存在着不少滞后现象。如温度传递、感温、继电器、加热器等的滞后。因此,装配时除对上述各元件的灵敏度有一定要求外,还应注意各元件在恒温槽中的布局是否合理。通常,恒温槽内温度波动越小,即各区域温度越均匀,恒温槽的灵敏度越高。灵敏度是衡量恒温槽恒温好坏的一个主要标志。为了提高恒温槽的灵敏度,在设计恒温槽时要注意以下几点:

(1)恒温槽的热容量要大些,传热介质的热容量越大越好。

(2)尽可能加快电加热器与接触温度计间传热的速度。为此要使:①感温元件的热容尽可能小,感温元件与电热器间距离要近一些;②搅拌器效率要高。

(3)在恒温状态下,作调节温度用的加热器功率要小些。

实验仪器

玻璃缸 1 个;温度调节器 1 支;电子精密数字温差测量仪 1 台;温度计(1/10℃)1 支;搅拌器(连续可调变压器)1 套;电子继电器 1 台;加热器 1 支(800W)。

实验操作

(1)将蒸馏水装入浴槽至容积的 4/5 处(一般实验室已装好),然后将恒温槽所需元件按你认为最合理的排布组装成一套恒温槽,并接好一线线路(参照如图 4-1 所示恒温槽装置简图)。然后请老师检查,待老师许可后才能插上电源插头,开始升温。

(2)将温度升到室温以上约 10℃左右(夏天可取 35~40℃,冬天可取 20~25℃),调节温度调节器,使恒温槽恒温。观察接触温度计标杆上端面所指的温度和触针下端所指的温度是否一致。旋开接触温度计上部的调节帽紧固螺丝,旋转调节帽一周观察触针(或标杆)移动的度数。然后,旋转调节帽使定温指示标杆上端面所指的温度稍低于 25 C 处(通常低于 0.2～0.3 C),固定调节帽。接通电源,打开搅拌器开关并加热。当继电器指示停止加热时,注意观察 1/10 C 温度计读数。例如,达到 24.2 C 时,需重新调节接触温度计标杆,按标杆需要移动度数确定调节帽应扭转的角度,这样即可很快调节到 25 C。当 1/10 C 温度计达 25 C 时,使铂丝与水银处于刚刚接通或断开状态(这一状态可由继电器的衔铁与磁铁接通或断开判断,也可由电子继电器的红绿指示灯来判断,一般说来,红灯表示加热,绿灯表示加热停止),然后固定调节帽。需要注意:在调节过程中,决不能以接触温度计的刻度为依据,必须以 1/10 C 的标准温度计为准。接触温度计所指的度数,只能给我们一个粗略的估计。

(3)在老师指导下学习使用电子精密数字温差测量仪,并用它测量已达设定温度的恒温槽温度波动值,测定点可分别选择纵向(恒温槽中心)三点,中部横向三点。

(4)在恒温槽的中间上部,用电子精密数字温差测量仪测量其温度波动曲线。每隔半分钟读取一次温差读数,约 15min 左右。

(5)改变加热器的功率,重新测定以上各点恒温槽的温度波动值,加以比较。

(6)数据测好后经教师审查同意,才能将所有元件全部拆下,放好。整理好实验桌面,经教师检查后方可离开实验室。

注意事项

(1)为使恒温槽温度恒定,将接点温度计调至某一位置时,拧紧调节帽上的固定螺钉。

(2)电路接线时,调压器的一输出端应与继电器的"常闭"柱相连,另一个输出端连接加热器后与继电器另一"常闭"柱相连。

(3)恒温槽中恒定温度以 1/10 C 温度计指示为准。

实验数据记录

测温元件位置		上	中	下	左	中	右
温度波动值（C）	最高						
	最低						
	温差						
	平均温差						

实验结果处理与讨论

(1)画出恒温槽温度波动曲线。

(2)画出你认为最合理的恒温槽元件装配位置图(俯视图)。

(3)为什么这样排布最合理?

(4)讨论加热器功率对恒温槽温度波动曲线的影响。

思考题

(1)影响恒温槽灵敏度的因素有哪些?

(2)如何提高恒温槽的灵敏度?

(3)从能量平衡的角度来讨论,如何选择加热器的功率大小?

(4)你认为还可以用什么测温元件来测量恒温槽温度波动曲线?

实验 24　物质燃烧热的测定

(一)固体试样燃烧热的测定

实验目的

(1)通过测定蔗糖等有机物的燃烧热,熟悉弹式热量计的原理、构造及使用方法。

(2)明确燃烧热的定义,了解恒压燃烧热与恒容燃烧热的差别及相互联系。

(3)掌握无纸实验数据记录仪的操作和使用。

(4)学会用雷诺图解法校正温度改变值的方法。

实验原理

1.燃烧热与量热

燃烧热测定是物理化学实验教学的一个经典内容,也是科研和工业测定物质反应热效应的一种重要手段。物质的燃烧热值是热化学中的重要数据,除了有其实际的应用价值外,还可用于计算化合物的生成热、反应热、键能及评价燃料品质的优劣等。燃烧热随测定条件不同,分为两种:恒容燃烧热 Q_v 和恒压燃烧热 Q_p。本实验采用体积确定的氧弹热量计,故测得的是 Q_v,经计算可得到 Q_p。测量热效应的仪器称为热量计(卡计),氧弹热量计种类很多,归纳起来一般分为恒温型和绝热型两大类。前者设备简单,在外套中盛有恒温水,只要做好热漏校正,准确度仍然很高;后者外桶由绝热壁构成,可免除热漏校正引起的误差,无需进行温差校正,测量结果精确且重复性好,但仪器较贵。本实验采用恒温式氧弹热量计测定有机物的燃烧热。

1mol 物质在氧气中完全燃烧时的热效应称为该物质的燃烧热。所谓完全燃烧,是指 $C \rightarrow CO_2(g)$,$H_2 \rightarrow H_2O(l)$,$S \rightarrow SO_2(g)$,而 N、卤素、银等元素变为游离状态。在恒容条件下测得的燃烧热称为恒容燃烧热 Q_v,恒容燃烧热等于这个过程的内能变化 ΔU。在恒压条件下测得的燃烧热称为恒压燃烧热 Q_p,恒压燃烧热等于这个过程的焓变 ΔH。若把参加反应的气体和反应生成的气体作为理想气体处理,则有下列关系式:

$$Q_p = Q_v + \Delta nRT$$

式中:Δn 为反应前后产物与反应物中气体的物质的量之差;R 为摩尔气体常数;T 为反应的热力学温度。

若测得某物质恒容燃烧热或恒压燃烧热中的任何一个,就可根据上式计算另一个数据。必须指出,化学反应的热效应(包括燃烧热)通常是用恒压热效应 ΔH 来表示的。

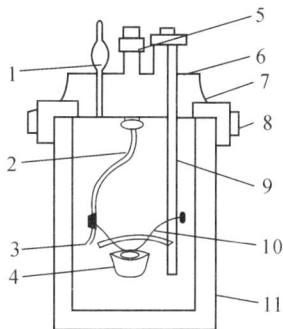

图 4-3 氧弹结构

1—放气孔;2—金属支架;3—燃烧垫板

4—坩埚;5—电极;6—进气孔

7—橡皮垫圈;8—弹盖;9—进气管

10—燃烧丝;11—弹体圆筒

图 4-4 氧弹热量计

1—外筒;2—定位圈;3—定位圈;

4—内铜;5—氧弹;6—点火插头;

7—内筒搅拌器;8—外筒温度计;

9—温度传感器;10—外筒搅拌器

2.氧弹热量计

本实验是用恒温式氧弹热量计来测定蔗糖的恒容燃烧热。图 4-3 为氧弹剖面图,图 4-4 为氧弹热量计装置图。图 4-4 中温度传感器 9 采用铂电阻温度计代替贝克曼温度计,测量的基本原理是能量守恒定律,样品在纯氧气氛中完全燃烧放出的能量促进卡计本身及其周围的介质(本实验用水)的温度升高。若已知仪

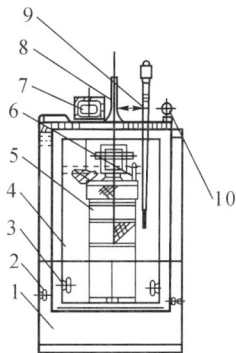

器的仪器常数,根据介质在样品燃烧前后温度的变化,即可求算样品的恒容燃烧热。氧弹热量计的仪器常数,一般用已知燃烧热的公认标准物质苯甲酸来标定,苯甲酸的恒容燃烧热 $Q_v = -26460 J \cdot g^{-1} \times 122.12 g \cdot mol^{-1} \times 10^{-3} = 3231.3 kJ \cdot mol^{-1}$。实验过程中外水套保持恒温,内水桶与外水套之间以空气隔热。同时,还把内水桶的外表面进行了电抛光。这样,内水桶连同其中的氧弹、测温器件、搅拌器和水便近似构成一个绝热系统。可以用下列关系式计算物质的恒容燃烧热 Q_v。

$$Q_v \cdot W + q_1 \cdot x + q_2 = c \cdot a \cdot \Delta h = k \cdot \Delta h$$

式中:Q_v 为被测物质的恒容燃烧热(J·g^{-1});W 为被测物质的质量(g);q_1 为点火丝的燃烧热;x 为烧掉的点火丝质量(g);q_2 为卡计内的 N_2 生成硝酸时放出的热量(J);c 为卡计(包括水、水桶等)的总热容(J·C^{-1});k 为仪器常数(J·C^{-1},或 J·mV^{-1});Δh 为记录仪上曲线的峰高(mV)。

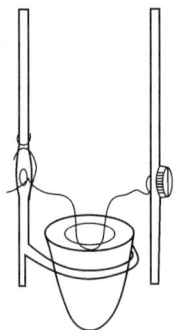

图 4-5　燃烧丝安装示意

只要用已知燃烧热的物质,求得仪器常数 k 值,即可用该热量计来测定未知物的燃烧热。

为了保证样品的完全燃烧,氧弹中必须充足高压氧气。因此要求氧弹必须耐高压密封、耐腐蚀。同时粉末样品必须压成片状(液体样品应该灌装在小玻泡或其他能引燃的容器中),以免充气时冲散样品,使样品燃烧不完全,因为燃烧完全是实验成功的第一步。第二步必须使燃烧后放出的热量全部传递给卡计本身,使水温升高,因此应尽量避免和减小由于辐射、对流以及传导等引起的能量散失,但一般漏热是无法完全避免的,因此测量值一般都需要用雷诺作图法进行校正。

3.雷诺温度校正图

恒容燃烧热 $Q_v = -\dfrac{CM\Delta t}{m}$,但这个计算式没有考虑以下各项的影响:系与环境间的热交换、生成 HNO_3 水溶液的热量和燃烧丝燃烧放出的热量。因此，精确的计算应用下式：

$$Q_v = \left[- C(t_n - t_0 + \Delta t) - gb - (-5.98)V_{OH^-} \right] \times \frac{M}{m}$$

式中：t_n 为主期的最高温度，t_0 为主期的最初温度，g 为燃烧丝的燃烧热（镍铬丝为 $-1400 J \cdot g^{-1}$），b 为燃烧掉的燃烧丝质量，V_{OH^-} 为滴定洗弹液所消耗的 $0.1 mol \cdot L^{-1} NaOH$ 溶液体积（mL），-5.98 为相当于被 $1 mL$ $0.1 mol \cdot L^{-1}$ NaOH 溶液所中和的 NHO_3 水溶液的生成热（$J \cdot mL^{-1}$），Δt 为由于系统与环境热交换引起温差的校正值，由下式计算：

$$\Delta t = - \frac{r + r_1}{2} n - r_1 n_1$$

式中：r 为初期温度变化率（以初期结束温度减去初期开始温度所得温差除以初期时间间隔数），r_1 为末期温度变化率（以末期结束温度减去末期开始温度所得温差除以末期时间间隔数），n 为主期内每半分钟温度上升不小于 $0.3 C$ 的时间间隔数（点火后的第一个时间间隔不管温度升高多少，都计入 n 中），n_1 为主期内每半分钟温度升高小于 $0.3 C$ 的时间间隔数。由于热交换引起的温度变化为以上两个区域的综合。

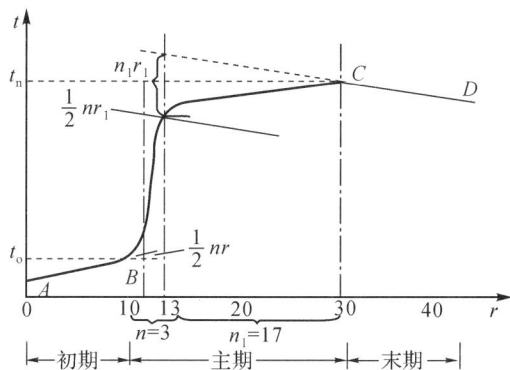

图 4-6 温度校正曲线示意图

关于系统温升 Δt 的校正可参照图 4-6，温度—时间（t-τ）曲线加以说明。由图中可知，主期时间间隔数为 20，其中 n 为 3，n_1 为 17。这两部分分别称为温度跃升区和高温区。在高温区，即 n_1 部分，温升平稳。因为此时系统温度已高于环境温度，系统散热是主要的，其温度变化率由 CD 线的斜率 r_1 决定，所以由散热引起温度变化为 $n_1 r_1$。而在温度跃升区，即 n 部分，由开始低于环境温度到后来高于环境温度。因此，这个区域包括了开始吸热及后来散热的综合影响，引起系统的温度变化可以看作由两部分造成，即 $nr/2$ 和 $nr_1/2$，所以整个主期由于热交换引起的温度变化为以上两个区域的综合。

仪器与试剂

1.仪器

氧弹热量计一套,Pt1000 测温元件(或热敏电阻(2kΩ))一支,点火器一台;无纸实验数据记录仪(或 DW-264 台式记录仪)一台;普通天平和电子天平各一台;氧气钢瓶一个,充气装置一台,压片机一台;万用电表一只;容量瓶 2000mL、1000mL 各一只。

2.试剂

苯甲酸(A. R),蔗糖(A. R),铜丝或铁丝,棉纱线。

实验步骤

(1)样品压制成片:

先在普通天平上称约 0.8～0.9g 苯甲酸,在压片机上压成片状,将片上黏附的粉末用毛刷轻轻刷去或在一张白纸上轻轻摔打,然后放在电子天平上准确称量。

(2)样品装入氧弹:

取点火丝一根并准确称量,然后将点火丝中间绕成螺圈型,再把它两端缚牢在氧弹燃烧皿的两侧的电极上,点火丝中间螺圈部分放在燃烧皿中间,上面放一根 15cm 长的棉纱线(热值 $-16.7kJ \cdot g^{-1}$),用万用表检查电极是否接通,若电极通路则把已准确称量的苯甲酸片放入燃烧皿中,注意放在紧贴点火丝的下面(图 4-5)。

(3)氧弹充氧:

往氧弹中仔细充入 15 大气压或 1.5MPa 氧气(在教师指导下进行),再次检查电极是否通路,若通路则将氧弹轻轻放入内水桶中。

(4)样品燃烧和温度测量:

用容量瓶量取已被调节到低于室温 0.5～1.0℃的自来水 3000mL,倒入内水桶中,装好搅拌马达及铂电阻温度计,将连接点火器电路两端的夹子与氧弹的两个电极相连。开动马达,打开实验数据记录仪,待基线走成直线约 3min,即可点燃样品。样品点燃后,记录仪立即自动画出升温曲线,待升温曲线升至最高且走一段直线后即可停止搅拌,并按"STOP"按钮停止记录。在 PC 机中进入《中级化学实验》数据控制程序,读取原始数据并保存,观察曲线趋势图是否合理,然后继续下面实验。(如使用台式记录仪记录,调节电桥电位器,使记录笔指在近左边 5 格附近,走纸速率 8mm · min^{-1};待记录笔走成直线约 5min,即可点燃样品。

迅速合上点火开关进行通电点火,样品点燃后,记录笔立即自动画出升温曲线,待升温曲线转变且走一段直线后(约 5min),即可停止搅拌和记录。)

(5)取出氧弹,用毛巾擦干,拧松放气阀,缓缓放出废气,旋开弹盖,检查样品燃烧是否完全,氧弹中应没有明显的残渣,将剩余点火丝取下称量并记录,倾出内水桶中的水,将内水桶及氧弹擦干。

(6)重复步骤(1)~(5),求得仪器常数平均值 K。

(7)重复上述操作,测定蔗糖(请同学们自行估算质量)的燃烧热。需要注意:两次实验中的内水桶水的初始温度应相差不大。

(8)待老师检查好数据,然后整理仪器,打印记录曲线。

注意事项

(1)样品量要适中,过重则会使升温过高,记录仪信号超出量程;太少则记录曲线峰太小,影响结果的准确度。

(2)氧弹充气后一定要进行检查并确信不漏气,而且要再次检查两电极间(即顶帽与弹盖间)是否通路。

(3)将氧弹放入内水桶前,一定要先检查点火控制键是否位于"关"的位置。点火结束后,即将其关掉。

实验数据记录与处理

室温＿＿＿＿＿C；大气压＿＿＿＿＿kPa

称量样品	样品质量(g)	铜丝质量(g)	剩余铜丝质量(g)	烧掉铜丝质量(g)	烧掉棉线质量(g)	峰高(mm)
苯甲酸 1						
苯甲酸 2						
蔗糖 1						
蔗糖 2						

计算蔗糖的恒容燃烧热 Q_v(kJ·mol^{-1})及恒压燃烧热 Q_p(kJ·mol^{-1})与文献值进行比较,计算误差。

思考题

(1)燃烧热测定中什么是体系?什么是环境?

(2)实验中引起体系和环境进行热交换的因素有哪些?如何避免热损失?

(3)在使用氧气钢瓶时应如何操作才能避免事故的发生?

(4)在计算燃烧热时,没有用到 3000mL 水的数据,为什么在实验中必须量准水的体积?若水的体积量得不准对测量结果引起的误差大不大?

(5)如何知道样品已经燃烧完全?

(6)如果内水桶的水温不加以调整,则有什么影响?

(7)该实验引起误差的主要原因在哪里?为什么?

(二)液体燃烧热的测定

对于液体可燃物来说,若沸点高、挥发度小(如油类),可直接放于坩埚中,将点火丝绕成螺旋插入液体即可;若沸点低、挥发度大(如有机物),则应盛于药用胶囊中,或用小玻璃泡密封,置于引燃物如铁丝或棉线(热值为 $-16.7kJ \cdot g^{-1}$)上点燃测定。计算时应将引燃物和胶囊放出的热量(胶囊热值需预先预定)扣除。采用塑料袋代替玻璃泡盛装液体也可解决上述问题,且适用范围广,操作简便,准确度和精密度都很高,误差小于 2%。

具体步骤

(1)先测定塑料(如聚氯乙烯塑料膜)的燃烧热,方法同固体燃烧热测定方法。

(2)用塑料封口机制成 2.2cm×3.5cm 的小塑料袋,袋口留下约 2mm 宽的小口,以便用滴管滴加待测液体。将液体加好后,只需在 2mm 的小口处用热的铁丝轻轻烫一下即可封口。

(3)封口后的盛液体塑料袋放进氧弹中,用与固体燃烧热测定相同的方法测取(塑料袋+液体)温度上升的准确数值。根据塑料袋和液体的质量,经计算即可得到液体的燃烧热。

附录 常用压缩气体钢瓶的使用及注意事项

在物理化学实验中,经常要使用一些气体,例如燃烧热的测定实验中要使用氧气,合成氨反应平衡常数的测定实验中使用氢气和氮气。为了便于贮藏和使用,通常将气体压缩成为压缩气体(如氢气、氮气和氧气等)或液化气体(如液氨和液氯等),灌入耐压钢瓶内。当钢瓶受到撞击或高温时,有发生爆炸的危险。另外,有一些压缩气体或液化气体则有剧毒,一旦泄漏,将造成严重后果。因而在物理化学实验中,正确和安全地使用各种压缩气体或液化气体钢瓶是十分重要的。

(1)在气体钢瓶使用前,要按照钢瓶外表油漆颜色、字样等正确识别气体种类,切勿误用以免造成事故。据我国有关部门规定,各种钢瓶必须按照下述规定进行漆色、标注气体名称和涂刷横条,其规格如下:

钢瓶名称	外表颜色	字样	字样颜色	横条颜色
氧气瓶	天蓝	氧	黑	
氢气瓶	深绿	氢	红	红
氮气瓶	黑	氮	黄	棕
纯氩气瓶	灰	纯氩	绿	
二氧化碳气瓶	黑	二氧化碳	黄	黄
氨气瓶	黄	氨	黑	
氯气瓶	草绿	氯	白	白
氟氯烷气瓶	铝白	氟氯烷	黑	

如钢瓶因使用日久后色标脱落，应及时按以上规定、标注气体名称和涂刷横条。

（2）气体钢瓶在运输、贮存和使用时，注意勿使气体钢瓶与其他坚硬物体撞击或曝晒在烈日下以及靠近高温处，以免引起钢瓶爆炸。钢瓶应定期进行安全检查，如进行水压试验，气密性试验和壁厚测定等。

（3）严禁油脂等有机物玷污氧气钢瓶，因为油脂遇到逸出的氧气就可能燃烧，若已被油脂玷污，则应立即用四氯化碳洗净。氢气、氧气或可燃气体钢瓶严禁靠近明火。

（4）存放氢气钢瓶或其他可燃性气体钢瓶的房间应注意通风，以免漏出的氢气或可燃性气体与空气混合后遇到火种发生爆炸。室内的照明灯、开关及电气通风装置均应防爆。

（5）原则上有毒气体（如液氯等）钢瓶应单独存放，严防有毒气体逸出，注意室内通风。最好在存放有毒气体钢瓶的室内设置毒气鉴定装置。

（6）若两种钢瓶中的气体接触后可能引起燃烧或爆炸，则这两种钢瓶不能存放在一起。如氢气瓶和氧气瓶、氢气瓶和氯气瓶等。氧、液氯、压缩空气等助燃气体钢瓶严禁与易燃物品放置在一起。

（7）气体钢瓶存放或使用时要固定好，防止滚动或跌倒。为确保安全，最好在钢瓶外面装置橡胶防震圈。液化气体钢瓶使用时一定要直立放置，禁止倒置使用。

（8）使用钢瓶时，应缓缓打开钢瓶上端之阀门，不能猛开阀门，也不能将钢瓶内的气体全部用完，要留下一些气体，以防止外界空气进入气体钢瓶。

实验 25 液体饱和蒸气压的测定

实验目的

(1)加深理解饱和蒸气压的定义和气—液两相平衡的概念。

(2)学习测定液体饱和蒸气压的方法,了解不同实验方法的适用范围和选择原则。

(3)通过饱和蒸气压数据求算液体的气化焓和气化熵,了解蒸气压数据的应用。

(4)了解数字式真空测压仪的使用及校正方法。初步掌握真空实验技术。

(5)熟悉温度计的露茎校正方法。

实验原理

在某一温度下,封闭系统中的液体,有动能较大的分子从液相跑到气相,也有动能较小的分子由气相回到液相,当二者的速率相等时,就达到了动态平衡。此时,气相中的蒸气密度不再改变,因而具有一定的饱和蒸气压。

一定温度下,气液两相达到平衡时的压力称为液体的饱和蒸气压,简称蒸气压。蒸气压是液体的基本 pVT 性质之一,在相平衡计算中特别有用,由蒸气压也可以获得实验中难以测定的液体气化焓和气化熵等重要热力学函数。测量蒸气压的方法可分为动态法和静态法两大类,具体的测定方法很多,如沸点计法、等压计法、流逸法、怒森隙透法等,其适用范围各有不同,选择何种方法主要取决于测定对象和测压范围。

纯液体的饱和蒸气压是温度的单值函数(此时处于单组分的气液平衡状态,从相律计算自由度 $f=1-2+2=1$),蒸气压 p 随温度 T 的变化可用 Clausius-Clapeyron 方程表示:

$$\frac{\mathrm{d}\ln p}{\mathrm{d}T} = \frac{\Delta_{vap}H_m}{RT^2}$$

式中:$\Delta_{vap}H_m$ 是液体的摩尔气化焓,R 是摩尔气体常数。

假定 $\Delta_{vap}H_m$ 与温度无关,上式积分,有:

$$\ln p = \frac{-\Delta_{vap}H_m}{RT} + C$$

式中:C 为积分常数,与压力 p 的单位选择有关。

若以 $\ln p$ 对 $1/T$ 作图得一直线,由直线的斜率可求出该液体的摩尔气化焓,实现由易测量数据(蒸气压)求算难测量数据(气化焓和气化熵)的目的,这正是热力学原理起作用的重要方面。

相平衡计算和工业应用中常用 Antoine 方程描述饱和蒸气压与温度的关系：

$$\ln p = A - \frac{B}{T + C}$$

式中：A、B、C 为 Antoine 常数，在有关手册上容易查找到。

此时摩尔气化焓为：

$$\Delta_{vap} H_m = \frac{BRT^2}{(T - C)^2}$$

气—液两相平衡为等温等压可逆相变化，因此气化熵为：

$$\Delta_{vap} S_m = \frac{\Delta_{vap} H_m}{T} = \frac{BRT}{(T - C)^2}$$

仪器与试剂

1.仪器

沸点计 1 台,恒温装置 1 套,数字式真空测压仪 1 台,真空泵及附件 1 套(两人共用),气压计 1 套,等压计 1 支,温度计(分度值 0.1℃和 1℃)各 1 支。

2.试剂

蒸馏水或乙醇(AR)。

实验步骤

(1)装样:在动态法仪器装置的沸点计中加入适量的蒸馏水。(参见图 4-6,该步骤实验室已事先完成)

(2)检漏:检查活塞和气路,开启真空泵,抽气至系统内压力为 13.3kPa (100mmHg)柱左右,关闭活塞,停止抽气,观察数字式压力测量仪的读数,判断系统是否漏气,如果在数分钟内压力计读数基本不变,表明系统不漏气。若有漏气,则应从泵至系统分段检查漏气,并用真空油脂封住漏口,直至不漏气为止,才可进行下一步实验。

(3)测量:检查漏气后,通冷却水入回流冷凝器。慢慢调节变压器使沸点仪中的加热丝变红(注意:防止电阻丝烧断),至水沸腾。沸腾时若测量温度计上水银柱读数还在系统内,则应慢慢调节活塞,使进入少许空气,系统内压力增加,直到温度计水银柱读数露出沸点仪外适宜读数为止。待温度恒定后,记下测量温度计、辅助温度及压力计读数。

调节活塞泄入空气,使系统内压力增加若干。同理,测定温度和压力数据,连续测定 10～12 组数据,直至与大气完全相通。(为使作图时实验点分布比较均

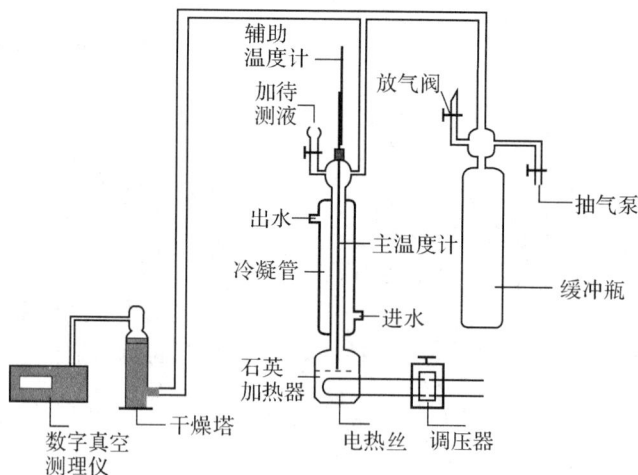

图 4-6　动态法测定饱蒸气压装置图

匀,从第一个实验点的压力至系统压力为大气压,测定 10～12 个数据,每次系统内压力应改变多少 kPa(或 mmHg)?)

(4)调节气压计,读取当时大气压。

实验数据记录与处理

室温:_____℃;大气压:_____kPa

(1)自行设计数据记录表,要求既能正确记录全套原始数据,又可填入演算结果。

(2)记录数字式测压仪的读数 E,计算蒸气压:$p=p'-E$。(p' 为室内大气压)

(3)温度计露茎校正。校正公式:$t=t_1+0.000156\,h(t_1-t_2)$,其中 t_1 为测量温度计读数,t_2 为辅助温度计读数,h 为测量温度计露出部分汞柱高(以 C 表示),0.000156 是水银对玻璃的相对膨胀系数。

(4)作 p-T 图及 $\ln p$～$1/T$ 图,计算出该温度范围内液体的平衡摩尔气化焓和不同温度的气化熵。

(5)从附录或手册中查出不同温度下水的饱和蒸气压,将文献数据用不同符号标在上述图中,并进行比较。

(6)比较气化焓和气化熵的实验值与文献值,比较 Trouton 规则与实验值的偏差。

(7)尝试用 Antoine 方程关联饱和蒸气压与温度的关系。

(8)作图和数据关联可以在计算机上采用 Excel 或 Origin 进行。

思考题

(1)为什么要检查漏气,若系统漏气对实验结果会产生什么影响?

(2)为什么要进行温度和压力校正?怎样校正?

(3)Clausius-Clapeyron 方程的应用条件是什么?

(4)怎样实现用 Antoine 方程关联饱和蒸气压—温度数据?

附录 AF-01 型低真空数字测量仪使用方法

首先用真空橡皮管将传感器接入待测系统中,待测系统与传感器之间应接有稳压瓶和装有硅胶的干燥瓶。将待测系统打开与大气相通,插上电源并打开电源开关,这时应有数字显示,预热 10min 后,按一下置零键,显示屏数字应为0.0000,这就标志以大气压为零点(以后在测量的过程中不要按此键)。将待测系统与大气隔绝开,启动真空泵或其他产生负压的仪器,抽到所需要的实验值即可。本仪器还装有 kPa、mmHg 单位转换开关,显示屏右边装有两个小指示灯。指示 kPa 与 mmHg 的哪个灯亮就表示现在测的是什么值。

实验 26 二组分完全互溶系统的气—液平衡相图

实验目的

(1)学习测定气—液平衡数据及绘制二元系统相图的方法,加深理解相平衡、相图和相律等基本概念。

(2)学会正确测量纯液体和液体混合物沸点的方法。

(3)熟悉阿贝折光仪的一般原理及操作方法,掌握超级恒温槽的使用和液体折光率的测量。

(4)了解运用测定物理化学性质确定混合物组成的方法。

基本原理

相平衡数据是平衡分离过程的基础,化工工艺设计的流程模拟中,热力学物性和相平衡数据的查找、选择约占工时的 30%,其计算量几乎占总计算量的50%～80%。工程上常用的主要有气—液平衡(VLE)、液—液平衡(LLE)和固—液平衡(SLE)等,其中 VLE 应用最普遍。许多国家都有庞大的计划收集、评价相平衡数据,建立数据库。Gmehling 等编撰的大型 VLE 数据手册就是常用工具书。VLE 实验以二元系统为主,借助热力学模型可以从二元系统推算多元系统的 VLE。《Fluid　Phase　Equilibria》，《Chem　Eng　Data》和《Chem Thermodynamics》等重要国际刊物几乎每期均有大量实验和理论研究成果报道。VLE 数据包括温度 T、压力 p、气相组成 y_i 和液相组成 x_i，它们不是互相独立的，而存在一定内在关系，可以相互推算。实验研究时，一般 T、p、y_i 和 x_i 均同时测定，一套数据是否合理，必须通过热力学一致性检验。实验中，取样分析是引起 VLE 实验误差的关键，也是难点，需特别注意。温度和压力的测量对 VLE 的结果影响也很大，一般地，若测温精度达 0.05 ℃，则要求压力测量误差为 0.2%。VLE 数据有等温和等压数据之分，前者固定 T 测 p、y_i 和 x_i。实验测定方法有直接法(蒸馏法、循环法、静态法、流动法)和间接法(露点法、泡点法、总压法等)。

　　本实验测定二组分完全互溶系统——环己烷－乙醇的常压气－液平衡数据。

　　两种液态物质若能以任意比例混合，则称之为二组分完全互溶液态混合物系统。当纯液体或液态混合物的蒸气压与外压相等时就会沸腾，此时的温度就是沸点。在一定的外压下，纯液体的沸点有确定的值，如常说的液体沸点是指 101.3kPa 下的沸点。对于完全互溶的混合物系统，沸点不仅与外压有关，还和系统的组成有关。在一定压力下，二组分完全互溶液态混合物系统的沸点与组成关系可分为三类：

　　(1)液体混合物的沸点介于两纯组分沸点之间(图 4-7(a))，如苯－甲苯系统；

　　(2)液态混合物有沸点极大值(图 4-7(b))，如丙酮－氯仿系统；

　　(3)液体混合物有沸点极小值(图 4-7(c))，如水－乙醇、环己烷－乙醇系统。

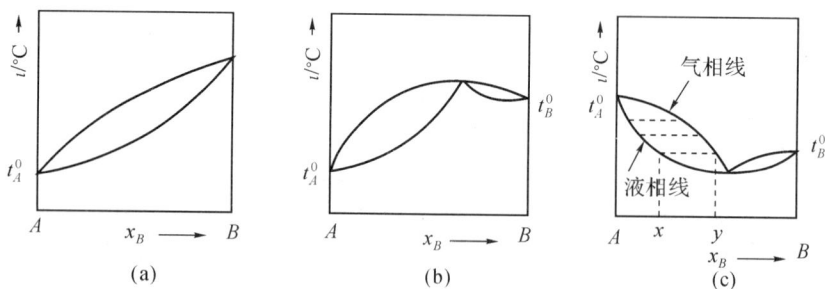

图 4-7　完全互溶的双液系 T-x

　　(1)类相图，在系统处于沸点时，气、液两相的组成不相同，可以通过精馏使系统的两个组分完全分离。(2)、(3)类相图的特点是出现极值，是由于实际系统与拉乌尔(Raoult)定律产生严重偏差导致。正偏差很大的系统，如(3)类相图，在 T-x 图上出现极小值；负偏差很大时，如(2)类相图，则会出现极大值。相图中出现极值的那一点,称为恒沸点,恒沸点温度和组成都是非常重要的相平衡数据。具有恒沸点组成的二组分混合物,在蒸馏时的气相组成和液相组成完全一样,整个蒸馏过程中沸点恒定不变,因此称为恒沸混合物。对有恒沸点的混合物进行简单蒸馏,只能获得某一纯组分和恒沸混合物,如要获得两纯组分,则需采取其他方法。

液态混合物组成的分析是相平衡实验的关键。组成分析常采用折光率法、密度法等物理方法和色谱分析法等。本实验采用折光率法。一定温度下的折光率是物质的一个特征数值,液态混合物的折光率与组成有关。一般呈简单的函数关系。因此,测定一系列已知浓度的液态混合物在某一温度下的折光率,作出该液态混合物的折光率—组成工作曲线,根据未知液态混合物的折光率值,可按内插法得到这种未知液态混合物的组成。

折光率是温度的函数,测定时必须严格控制温度。本实验采用配置超级恒温槽的阿贝折光仪来测量平衡气、液相的组成。

仪器与试剂

1. 仪器

沸点仪,阿贝折光仪,超级恒温槽,电子天平各一台;调压变压器 0.5kVA 一只;温度计(50~100℃,1/10℃)一支;普通温度计(0~100℃)一支;250mL 烧杯一只;针筒两只;电吹风一只;滴管若干支;擦镜纸。

2. 试剂

环己烷(AR);无水乙醇(AR)。

实验步骤

(1)制作环己烷—乙醇液态混合物的折光率—组成工作曲线。(工科专业该步骤已由实验室完成)

①配制溶液:取清洁而干燥的青霉素瓶,用称量法配制环己烷的质量分数分别为 0.1、0.2、0.3、0.4、0.5、0.6、0.7、0.8、0.9 的环己烷—乙醇溶液各 5mL 左右。质量用电子天平准确称取,精度应达±0.0001g。配制与称量时,要防止样品挥发。

②测定折光率:调节通入阿贝折光仪的超级恒温槽的恒温水温为 25±0.1℃(夏天气温高时视情况设温度为 30℃或 35℃)。用阿贝折光仪分别测定纯环己烷、纯乙醇及上面配制的各组成混合物在该温度下的折光率。

③工作曲线(方程)制作:将环己烷—乙醇液态混合物的折光率与组成作图,即得折光率—组成工作曲线。或通过计算机回归得到折光率—组成工作方程。

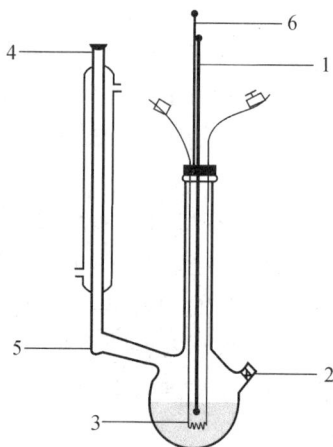

图 4-8 沸点仪装置结构图

1—温度计;2—液体取样口;3—加热丝;4—冷凝液取样口;
5—盛冷凝液的小球;6—辅助温度计

(2)安装沸点仪:将干燥的沸点仪如图 4-8 所示安装好,检查带有温度计的塞子是否塞紧及温度计的位置。加热用的电热丝 3 要靠近容器底部的中心。

(3)测定沸点:自液体取样口 2 加入纯乙醇 20～25mL,开冷却水,接通电源,缓慢加热,使沸腾时玻璃提升管喷溢的沸腾液能不断冲在水银球上,且蒸气能在冷凝管中凝聚。如此沸腾一段时间,使冷凝液不断淋洗小球 5 中液体,直到温度计的读数稳定为止,分别记录温度计和辅助温度计的读数。

(4)取样分析:切断电源,停止加热,用 250mL 烧杯盛冷水套在沸点仪底部,冷却容器内液体,用干燥吸管吸取蒸气冷凝液和残留液,供测定折光率用。

(5)测定折光率:调节通入阿贝折光仪的超级恒温槽水温与制作工作曲线的温度一致,然后分别测定蒸气冷凝液和残留液的折光率。每个样品要平行测定三次折光率值。测毕后由液体取样口逐次加入 1mL、3mL、3mL、5mL…环乙烷,重复实验,分别测定其沸点和折光率,至沸点几乎不再下降以及冷凝液和残留液的折光率近似相等为止,停止加入环己烷。然后将液态混合物倒入回收瓶中,吹干仪器,再加入 30mL 环己烷。如前操作,不过逐次加入的乙醇量为 0.2mL、0.3mL、0.5mL、1mL、1mL、3mL、3mL…直至沸点几乎不再下降以及冷凝液和残留液的折光率近似相等为止。

实验数据记录与处理

室温:_____C;大气压:_____kPa

(1)制作环己烷－乙醇标准液态混合物的工作曲线(方程):

不同组成环己烷（1）－乙醇（2）液体混合物的折光率测定

实验温度：＿＿＿＿＿C

质量分数 W_i		0.0	0.1	0.2	0.3	0.4	0.5	0.6	0.7	0.8	0.9	1.0
称重量 (g)	(1)											
	(2)											
摩尔分数 x_i												
折光率												

根据上表作图或求回归方程。

（2）气、液相样品的折光率等数据：

环己烷（1）－乙醇（2）液态混合物的气－液平衡数据表（一）

环己烷加入量（mL）	混合物沸点（C）	校正后沸点（C）	气相（冷凝液）		液相（残留液）	
			折光率	组 成	折光率	组 成
0						
1						
3						
3						
5						
5						
7						
7						
……						

环己烷(1)—乙醇(2)液态混合物的气—液平衡数据表(二)

乙醇加入量 (mL)	混合物沸点 （C）	校正后沸点 （C）	气相(冷凝液)		液相(冷凝液)	
			折光率	组 成	折光率	组 成
0.0						
0.2						
0.3						
0.5						
1						
1						
3						
3						
……						

表中组成由折光率—组成的工作曲线上用内插法查得,或从回归方程计算得到。

温度计的露茎校正:校正公式: $t = t_1 + 0.000156h(t_1 - t_2)$,其中 t_1 为测量温度计读数, t_2 为辅助温度计读数, h 为测量温度计露出部分汞柱高(以 C 表示), 0.000156 是水银对玻璃的相对膨胀系数。

(3)以温度为纵坐标、摩尔分数为横坐标作环己烷—乙醇二元系统的沸点—组成图,并从绘制的相图上查出该二元系统的恒沸温度和恒沸混合物组成。

(4)将测定的恒沸温度和恒沸组成与文献数据进行对比,讨论偏差的原因。

思考题

(1)沸点仪中盛气相冷凝液的小球体积过大或过小,对测量有何影响?

(2)实验时,若所吸取的蒸气冷凝试样挥发掉了,是否需要重新配制溶液?

(3)测定纯环己烷或纯乙醇的沸点时,为什么必须将沸点仪吹干?而测定液态混合物的沸点和组成时则不必将沸点仪进行干燥?

(4)该系统用普通蒸馏办法能否同时得到两种纯组分? 为什么?

(5)实验过程中你发现液态混合物的沸点、组成、折光率变化有什么规律?

(6)为了保证取样分析准确,应注意哪些环节?

(7)试从相律分析:一定压力下二元液态混合物的恒沸点温度和组成是确

定的。

(8)使用折光仪应注意哪些问题?

实验 27　二组分简单共熔体系相图的绘制

实验目的

(1)利用热分析法测绘 Zn-Sn 相图。

(2)熟悉热分析法的测量原理。

(3)熟悉无纸实验数据分析记录仪的操作使用。

实验原理

相图是用图的形式来表示相平衡系统内组成与温度、压力之间的关系。相平衡的研究和相图的绘制对生产和科学研究具有重要意义。化工生产中常用的分离和提纯方法,如重结晶、蒸馏、萃取等这些过程的基本理论就是相平衡原理。金属冶炼和新型功能材料的研发生产也离不开相平衡的知识和相图的指导。相变过程和相平衡无处不在,利用相图研究和掌握相变过程的规律,来解释有关的自然现象和指导生产甚为重要。

绘制相图的方法常用溶解度法和热分析法。溶解度法是指在确定的温度下,直接测定固液两相平衡时溶液的浓度,然后依据测得的温度和相应的溶解度数据绘制成相图,此法适用于常温下易测定组成的体系,如水盐体系。热分析法是观察被研究物质的温度变化与物系相变化关系的一种方法,其中热分析技术除了本实验的步冷曲线法外,还包括差热分析(DTA)、差示扫描量热(DSC)、热重(TG)、微分热重(DTG)以及近年发展的新技术——控制转化速率热分析(CRTA)等。热分析技术应用领域广泛,除了制作相图外,还可以用于鉴别物质、测求热容、热效应、化学反应动力学参数等。

本实验采用热分析法中的步冷曲线方法绘制锌—锡体系的固液平衡相图。将物系加热熔融成一均匀液相,然后使其缓慢冷却,记录时间与温度关系,作温度与时间的关系曲线(称步冷曲线)。当熔融物质在均匀冷却过程中无相变发生,则温度将连续下降,得到一条光滑的步冷曲线,如在冷却过程中发生相变,则因放出相变热,使热损失有所抵偿。步冷曲线就会出现转折点或水平线段。转变点所对应的温度,即为该组成的相变温度。对于简单共熔合金体系来说,具有下列形状的步冷曲线(图 4-9)。由这些冷却曲线,即可绘出合金相图(图 4-10)。

用 SunnyLAB200A 实验数据分析记录仪连续记录物系逐步冷却时相应的

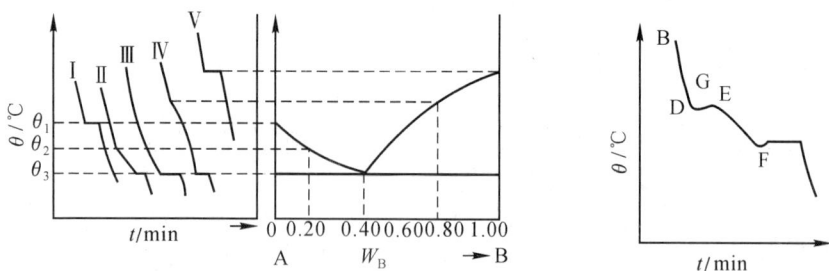

图 4-9　步冷曲线图　图 4-10　二元固液相　　图 4-11　有过冷现象的步冷曲线图

电势(温度),可得到时间与电势(温度)曲线,即步冷曲线。

在冷却过程中,常出现过冷现象,步冷曲线在转折处出现起伏(图 4-11)。遇此情况可延长 FE 交曲线 BD 于点,G 点即为正常转折点。

用热分析法测绘相图时,被测物系必须时时处于或接近相平衡状态。因此,体系的冷却速度必须足够缓慢,才能得到较好的结果。

仪器与试剂

1.仪器

SunnyLAB200A 实验数据分析记录仪一台;金属相图实验装置一套(或自制立式高温管式电炉两只,温控装置和镍铬—镍硅热电偶);盛合金的石英和硬质玻璃管八个。

2.试剂

锌(A.R)、锡(A.R)、铋(A.R)石墨粉。

实验步骤

1.配制样品

在七只硬质玻璃管中配制各种不同组成的金属混合物:①Zn100％;②Bi100％;③ Sn100％;④ Sn25％＋ Zn75％;⑤ Sn45％＋ Zn55％;⑥ Sn75％＋Zn25％;⑦Sn91.2％＋Zn8.8％;⑧Sn95％＋Zn5％。为了防止金属高温氧化,表面放置石墨粉(此项可由教师事先配好)。

2.样品步冷曲线的测定

(1)按图 4-12 所示连接金属相图实验装置各部件,连通 SunnyLAB200A 实验数据分析记录仪。

(2)将样品①Zn 100％放入金属相图实验装置的加热炉,打开加热电源,设置加热炉温度为 460℃(熔点温度＋40℃),打开冷却炉电源,设置冷却炉温度为400℃(熔点温度－20℃)。

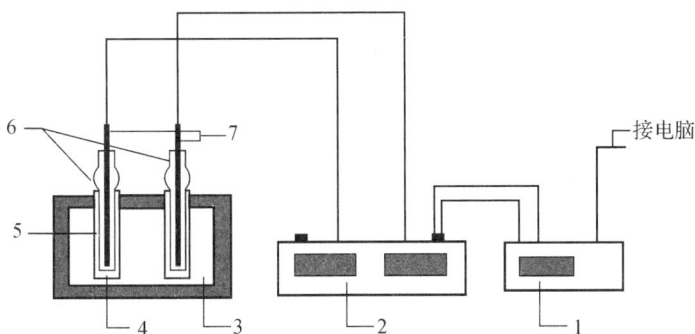

图 4-12　步冷曲线测定装置图

1—实验数据分析记录仪;2—金属相图炉温控制仪器;3—金属相图实验装置;

4—冷却炉;5—加热炉;6—装金属试样的硬质玻璃管;7—热电偶

（3）待加热炉和冷却炉升温到设定温度后，将样品①Zn 100％放入冷却炉，开启实验数据分析记录仪，关闭冷却炉加热电源，视冷却速度（最好保持降温速度在8℃/分左右）决定是否打开降温风扇。

（4）待实验数据分析记录仪测至平台后又开始下降之后1mV左右即可停止实验数据分析记录仪，并马上在电脑上用 Sunny 软件记录测得数据，并保存在相应文件夹。

（5）按上述步骤设定相应的加热炉和冷却炉温度，依次测定 Bi 100％，Sn100％，Sn25％＋Zn75％，Sn45％＋Zn55％，Sn75％＋Zn25％，Sn91.2％＋Zn8.8％，Sn95％＋Zn5％等样品的步冷曲线。

实验数据记录与处理

（1）在 Sunny 软件上以毫伏数为纵坐标、时间为横坐标，绘制所有样品的步冷曲线。

（2）以毫伏数为纵坐标，温度为横坐标绘制热电偶温度校正曲线（本实验有三个样品:Zn(419.6℃);Bi(271.3℃);Sn(231.9℃)）。

（3）从热电偶温度校正曲线上查出 Sn25％，Sn45％，Sn75％，Sn91.2％，Sn95％等样品的转折点、平台温度。

（4）以组成为横坐标、温度为纵坐标，作出 Sn-Zn 二组分合金相图。

（5）根据相图找出 Sn-Zn 二元系统低共熔混合物的组成和最低共熔温度，并与文献值比较。

注意事项

（1）冷却速度是本实验成败的关键,冷却速度缓慢,被测物系时时处于或接近平衡状态,实验结果较好。

(2)冷却速度取决于冷却炉子的温度,冷却炉子的温度可视样品不同而不同,纯锡和含锡合金可低一些,纯锌需高一些(400℃左右)。依次从高熔点金属到低熔点金属,可减少冷却炉加热次数。

(3)金属混合物冷却温度必须在开始转折点以上 30℃左右,否则不易读出第一转折点温度。

思考题

(1)金属熔融体系冷却时,冷却曲线上为什么会出现转折点或水平段? 对于不同组成金属混合物的冷却曲线,其水平段有何不同? 为什么?

(2)用加热曲线是否也可作相图? 作相图还有哪些方法?

(3)试用相律分析最低共熔点、熔点曲线及各区域的相数及自由度。

(4)如何设定加热炉和冷却炉温度?

实验 28　　二氧化碳的 pVT 关系测定和临界状态观测

实验目的

(1)学习流体 pVT 关系的实验测定方法,加深理解流体 pVT 状态图、p-V 状态图的特点和气液相变、饱和蒸气压、沸点的意义。

(2)通过 CO_2 临界状态的观测,增强对气液临界现象的感性认识,理解临界参数的重要意义。

(3)学习活塞式压力计的正确使用方法。

(4)了解高压实验操作及注意事项。

实验原理

物质的分子热运动和分子间作用力使其呈现气体、液体和固体三种主要聚集状态,并表现出不同的宏观性质,其中之一就是 pVT 关系,即一定数量物质的压力、体积和温度间的依赖关系。pVT 关系可以由三种方法得到:①直接实验测定:将一定量的物质置于容器中,控制一定的温度和压力,平衡后测定体积;或控制一定的温度和体积,平衡后测量其压力。②经验半经验方法:建立具有一定理论基础或物理意义的各种状态方程(EOS),如 van der Waals 方程、Vrial 方程、Martin-How(侯虞钧)方程等等。③理论方法。直至目前,pVT 关系仍然是研究的热点,超临界状态、电解质和高聚电解质熔液、高分子物质等的 pVT 关系受到格外注意。

对于物质数量确定的系统,当处于平衡状态时,其状态函数 p、V、T 之间有:
$$f(p,V,T)=0$$

该方程描述的是物质以 p、V、T 为坐标的立体曲面状态图。为了讨论方便,在不同温度下截取恒温剖面,相交曲线投影在 pV 平面上,可以由一族恒温组成 p-V_m 图(图 4-13)。类似也可以得到 p-T 图。p-V-T 曲面、p-V 图和 p-T 图直观地表达了物质的 pVT 关系。

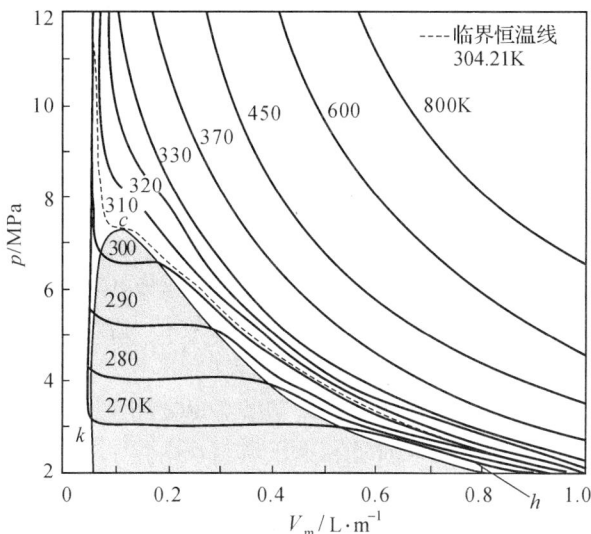

图 4-13　CO_2 的 p-V_m 图

p-V_m 图恒温线上的水平线段是气液相变化的特征,线上每一点都处于气液平衡,p、T 都一样,只是由于气液两相相对数量不同而具有不同的体积,水平线段的两个端点分别代表饱和气体和饱和液体。饱和气体和饱和液体的体积随温度变化在 p-V 图上构成气液共存区的边界线,称双节线。随着温度升高,饱和气体线和饱和液体线汇于一点,即临界点。此时的温度、压力和体积分别称临界温度 T_c、临界压力 p_c 和临界体积 V_c。临界点是物质非常重要的特性,每一种物质都有其特征的临界参数。温度低于 T_c 是气体液化的必要条件。温度、压力高于临界点的流体称为超临界流体,其应用技术是目前研究的热点。

本实验测定不同温度下,CO_2 的 p-V 等温线,观察气—液相变和临界现象,讨论 CO_2 的 pVT 关系。实验装置如图 4-14 所示,由压力台、恒温器和实验台本体及其防护罩等几部分组成。实验台本体如图 4-15 所示。

实验中 CO_2 的压力:由压力台送来的压力油进入高压容器和玻璃杯上半

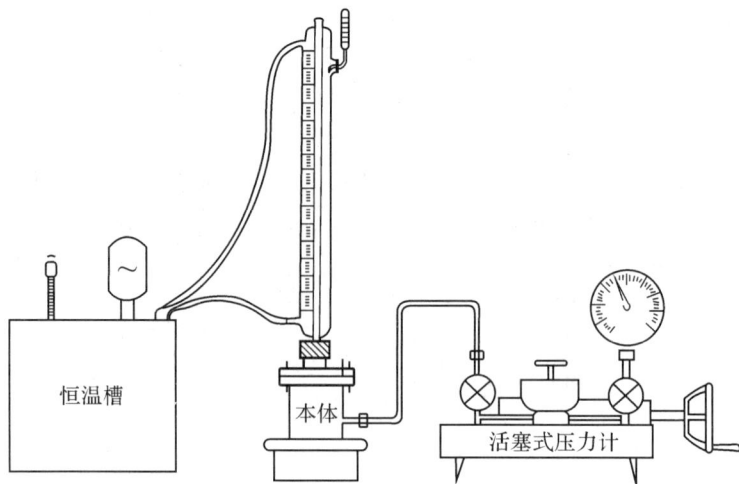

图 4-14　实验装置图

部,迫使水银进入预先装了 CO_2 气体的承压玻璃管中,CO_2 被压缩,其压力和容积通过压力台上的活塞杆的进、退来调节,由装在压力台上的压力表读出(如要提高精度,需从加在活塞转盘上的平衡砝码读出,并考虑水银柱高度的修正)。温度由超级恒温槽供给的水套里的水温来调节。温度测量由插在恒温水套中的温度计读出。CO_2 体积由于充入质量和承压玻璃管内径不易测量,不能直接得到。但可通过测定比容间接得到。比体积(单位质量物质的体积)首先由承压玻璃管内 CO_2 柱的高度来测量,而后再根据承压玻璃管内径均匀、截面不变等条件换算得出。

假设 CO_2 的比体积 v 与其高度满足线性关系。

(1)已知 CO_2 液体在 $20\,℃$,9.8MPa 时的比体积 $v_{(20℃,9.8\text{MPa})}=0.00117\text{m}^3 \cdot \text{kg}^{-1}$。

(2)实际测定实验台在 $20\,℃$,9.8MPa 时的 CO_2 液柱高度 Δh_o(m)。(注意玻璃水套上刻度的标记方法)

(3)因为 $v_{(20℃,9.8\text{MPa})} = \dfrac{\Delta h_o A}{m} = 0.00117\text{m}^3 \cdot \text{kg}^{-1}$

所以 $\dfrac{m}{A} = \dfrac{\Delta h_o}{0.00117} = K(\text{kg} \cdot \text{m}^{-2})$

K 即为玻璃管内 CO_2 的质面比常数($\text{kg} \cdot \text{m}^{-2}$)。所以,在实验温度、压力下 CO_2 的比体积为:

$$v = \frac{\Delta h}{m/A} = \frac{\Delta h}{K}$$

式中:$\Delta h = h - h_0$,其中 h 为实验温度、压力下水银柱高度;h_0 为承压玻璃内管顶部刻度。

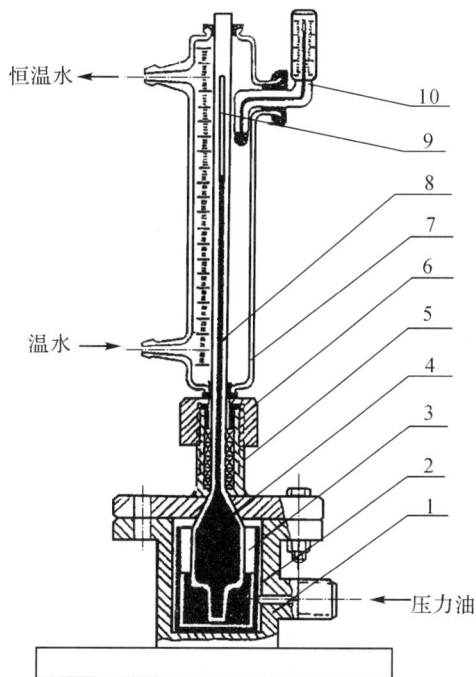

图 4-15 实验台本体示意图

1—高压容器；2—玻璃杯；3—压力油；4—水银；5—密封填料
6—填料压盖；7—恒温水套；8—承压玻璃管；9—CO_2；10—温度计

仪器与试剂

1. 仪器

二氧化碳 pVT 关系测定仪，数显超级低温恒温槽。

2. 试剂

高纯二氧化碳。

实验步骤

1. 加压前的准备

因为压力台的油缸容量比主容器容量小，需要多次从油杯里抽油，再向主容器充油，才能在压力表上显示压力读数。压力台抽油、充油的操作过程非常重要，若操作失误，不但加不上压力，还会损坏实验设备。所以，务必认真掌握，其步骤如下：

（1）关压力表及其进入本体油路的两个阀门，开启压力台上油杯的进油阀。

（2）摇退压力台上的活塞螺杆，直至螺杆全部退出。这时，压力台油缸中抽满了油。

（3）先关闭油杯阀门，然后开启压力表和进入本体油路的两个阀门。

（4）摇进活塞螺杆，使本体充油。如此反复，直至压力表上有压力读数为止。

（5）再次检查油杯阀门是否关好，压力表及本体油路阀门是否开启。若均已调定后，即可进行实验。

2. 测定温度 $t=20℃$ 时的等温线

（1）将超级恒温槽调定在 $t=20℃$，并保持恒温。

（2）压力记录从水夹套管上有刻度开始，当玻璃管内水银升起来后，应足够缓慢地摇进（退）活塞螺杆，以保证恒温条件。否则来不及平衡，使读数不准。

（3）注意加压后 CO_2 变化，仔细测试和观察 CO_2 最初液化和完全液化时的压力和水银高度。特别应注意饱和蒸气压和饱和温度之间的对应关系以及液化、气化等现象。

（4）按照适当的压力间隔取 h 值，直至压力 $p=9.8MPa$。将测得的实验数据及观察到的现象一并填入记录表中。

（5）测定 $t=23、25、27、29℃$ 时其饱和温度和饱和蒸气压的对应关系。

3. 测定临界等温线和临界参数，并观察临界现象

（1）按上述方法和步骤测出临界等温线，并在该曲线的拐点处找出临界压力 p_c 和临界比体积 v_c，并将数据填入记录表。

（2）观察临界现象：

① 观察临界乳光现象

保持临界温度不变。摇进活塞杆至压力达 p_c 附近，然后突然摇退活塞杆（注意：勿使实验本体晃动！）降压。在此瞬间玻璃管内将出现圆锥状的乳白色的闪光现象。这就是临界乳光现象，这是由于 CO_2 分子受重力场作用沿高度分布不均匀和光的散射所造成的。可以反复几次，来观察这一现象。

② 整体相变现象

由于在临界点时，气化潜热等于零，饱和气体线和饱和液相线合于一点，所以这时气液的相互转变不像临界温度以下时那样逐渐积累、需要一定的时间，且表现为渐变过程，而这时压力稍作变化，气、液是以突变的形式相互转化。

③ 气、液两相模糊不清现象

处于临界点的 CO_2 此时不能区别是气态还是液态。如果说它是气体，那么，这个气体是接近液态的气体；如果说它是液体，那么，这个液体又是接近气态的

液体。因为这时是处于临界温度下,如果按等温线过程来进行,使 CO_2 压缩或膨胀,那么,管内看不到气液变化现象。现在,我们按绝热过程来进行。首先在压力等于 7.64MPa 附近,突然降压,CO_2 状态点由等温线沿绝热线降到液相区,管内 CO_2 出现了明显的液面。这就是说,如果这时管内的 CO_2 是气体的话,那么,这种气体离液相区很接近,可以说是接近液态的气体;当我们在膨胀之后,突然压缩 CO_2 时,这个液面又立即消失了。这就告诉我们,这时 CO_2 液体离气相区也是非常接近的,可以说是接近气态的液体。这就是临界点附近饱和汽、液相模糊不清现象。

4.测定高于临界温度时的等温线

调节温度 $t = 45\,C$,重复以上操作,测定该温度下的等温线。

实验结果处理与分析

(1)按不同温度记录的数据。

不同温度 CO_2 等温实验测定 $p\text{-}V$ 关系的原始记录

$t = 20\,C$				$t = 31.1\,C$(临界温度)				$t = 45\,C$			
p(MPa)	Δh	v	现象	p(MPa)	Δh	v	现象	p(MPa)	Δh	v	现象
...											

(2)在 $p\text{-}V_m$ 坐标系中画出 CO_2 等温线。

(3)将实验测得的 CO_2 等温线与文献的 CO_2 等温线比较,并分析它们之间的差异及其原因。

(4)将实验测得的饱和温度与饱和蒸气压的对应值和文献饱和温度—蒸气压数据(下表)画在同一曲线上并作比较,比较、分析产生误差的原因。

CO_2 的饱和蒸气压数据

温度(C)	20.0	22.0	24.0	25.0	26.0	27.0	28.5	29.4	30.0	30.5	31.0
蒸气压(MPa)	5.730	6.001	6.285	6.432	6.581	6.734	6.945	7.113	7.271	7.294	7.376

(5)将实验测定的临界比体积 v_c,按理想气体状态方程和 van der Wals 方程理论计算值一并填入下表,并分析它们之间的差异及原因。

临界比体积$v_c(m^3 \cdot kg^{-1})$

v（文献值）	v（实验值）	$v_c = RT_c/P_c$	$v_c = \dfrac{3}{8}\dfrac{RT_c}{P_c}$
0.00216			

思考题

(1)实验过程中特别应注意哪些问题？

(2)如何得到准确的相变点和临界点？

(3)气相、液相和固相是否都可以建立状态方程？

(4)举例说明临界点的重要意义和超临界流体的应用。

实验 29　氨基甲酸铵分解反应平衡常数的测定

实验目的

(1)熟悉用等压法测定平衡压力的特点。

(2)测定不同温度下氨基甲酸铵的分解压力，进而计算分解反应的平衡常数 K_p 及有关的热力学函数。

(3)掌握低真空实验技术。

实验原理

当一个体系内正逆化学反应速率相等时，体系就达到了平衡；平衡常数是体现反应进行完全程度的一种标志。平衡常数可通过测定体系达到平衡时各物质的浓度或压力后计算得到。常采用物理法和化学法。物理法是通过测定物理性质而求出平衡体系的组成，如测定体系的折光率、电导率、颜色、光的吸收、色谱定量图谱及压力或容积的改变等；优点是测试可连续，操作简单方便且不干扰平衡态。化学法是利用化学分析的方法测定平衡体系中各物质的浓度，但加入试剂往往会扰乱平衡，使测得的浓度并非是真正的平衡浓度。解决的方法常采用冻结法，即将体系骤然冷却，使化学反应速度大大降低，此时进行化学分析，平衡的移动受分析试剂的影响较小或可不予考虑。若反应需有催化剂才能进行，可考虑催化剂移去法，除去催化剂使反应停止。在溶液中进行的反应，还可以选用稀释法，通过加入大量溶剂使反应溶液稀释，以降低平衡移动的速度。

如何判断一个化学反应是否达到平衡？一是在外界条件确定的前提下，各物质浓度不随时间变化；二是平衡位置确定，即无论从反应物开始反应、还是从生成物开始反应，都应到达同一位置（平衡常数相同）；三是任意改变反应物的起始浓度，平衡常数保持不变。

氨基甲酸铵（NH_2COONH_4）是合成尿素的中间产物，白色固体，加热易发生如下的分解反应：

$$NH_2COONH_4(s) \rightleftharpoons 2NH_3(g) + CO_2(g)$$

该反应是可逆的多相反应，气体为理想气体，若不将分解产物从体系中移走，则很容易达到平衡。其标准平衡常数 $K^\ominus$ 可表示为：

$$K^\ominus = \left(\frac{p_{NH_3}}{p^\ominus}\right)^2 \left(\frac{p_{CO_2}}{p^\ominus}\right) \qquad ①$$

式中：p_{NH_3} 和 p_{CO_2} 分别为反应温度下 NH_3 和 CO_2 的平衡分压，$p^\ominus$ 为 100kPa。在压力不太大时，气体的逸度近似为 1，且纯固态物质的活度为 1，体系的总压 $p_\text{总}$ 等于 p_{NH_3} 和 p_{CO_2} 之和：$p_\text{总} = p_{NH_3} + p_{CO_2}$。从化学反应计量方程式可知：$p_{CO_2} = \frac{1}{3}p_\text{总}$，$p_{NH_3} = \frac{2}{3}p_\text{总}$。

代入①式得：

$$K^\ominus = \left[\frac{2}{3}\frac{p_\text{总}}{p^\ominus}\right]^2 \left[\frac{1}{3}\frac{p_\text{总}}{p^\ominus}\right] = \frac{4}{27}\left[\frac{p_\text{总}}{p^\ominus}\right]^3 \qquad ②$$

因此，体系在一定的温度下达到平衡，压力总是一定的，称它为 NH_2COONH_4 的分解压力。测量其总压 $p_\text{总}$ 即可计算出标准平衡常数 $K^\ominus$。

温度对平衡常数的影响可用下式表示：

$$\frac{d\ln K^\ominus}{dT} = \frac{\Delta_r H_m^\ominus}{RT^2} \qquad ③$$

式中：T 是绝对温度，$\Delta_r H_m^\ominus$ 是该反应的标准摩尔热效应，R 为摩尔气体常数。氨基甲酸铵分解是一个热效应很大的吸热反应，温度对平衡常数的影响比较灵敏。当温度变化范围不太大时，$\Delta_r H_m^\ominus$ 可视为常数，将③式积分，得：

$$\ln K^\ominus = -\frac{\Delta_r H_m^\ominus}{RT} + C \quad \text{（C 为积分常数）}$$

或 $\quad \lg K^\ominus = -\frac{\Delta_r H_m^\ominus}{2.303RT} + C' \text{（C'为积分常数）} \qquad ④$

由④式，实验中只要测出几个不同温度下的 $K^\ominus$，以 $\lg K^\ominus$ 对 $\frac{1}{T}$ 作图，应为一直线，其斜率为 $\frac{-\Delta_r H_m^\ominus}{2.303R}$，由此可求得 $\Delta_r H_m^\ominus$。

实验求得某温度下的标准平衡常数 $K^\ominus$ 后，可按下面的关系式计算该温度下反应的标准摩尔吉布斯自由能变化 $\Delta_r G_m^\ominus$：

$$\Delta_r G_m^\ominus = -RT\ln K^\ominus \qquad ⑤$$

利用实验温度范围内反应的标准摩尔热效应 $\Delta_r H_m^{\ominus}$ 和某温度下的标准摩尔吉布斯自由能变化 $\Delta_r G_m^{\ominus}$,可近似地计算出该温度下的标准熵变 $\Delta_r S_m^{\ominus}$ 。

$$\Delta_r S_m^{\ominus} = \frac{\Delta_r H_m^{\ominus} - \Delta_r G_m^{\ominus}}{T} \qquad ⑥$$

由实验测出一定温度范围内某温度时氨基甲酸铵的分解压力(即平衡总压),可由上述公式分别求出标准平衡常数 $K^{\ominus}$ 及热力学函数 $\Delta_r H_m^{\ominus}$ 、$\Delta_r G_m^{\ominus}$ 及 $\Delta_r S_m^{\ominus}$ 。

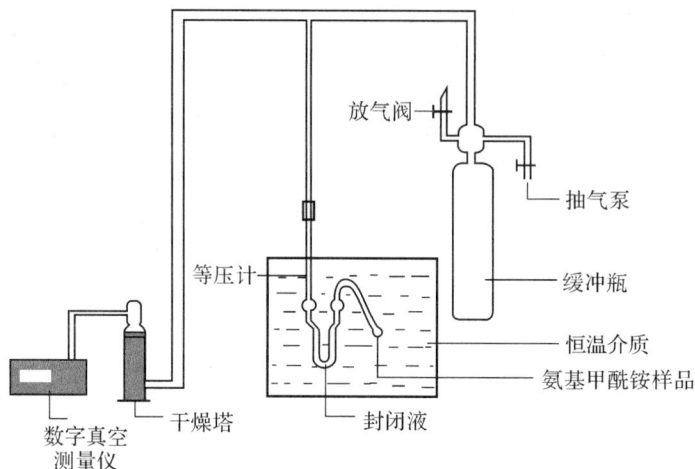

图 4-16 等压法测氨基甲酸铵分解压装置图

实验装置如图 4-16 所示,等压计中的封闭液通常选用邻苯二甲酸二壬酯、硅油或石蜡油等蒸气压小且不与系统中任何物质发生化学作用的液体。若用 U 形汞柱压力计测定系统压力的话,由于硅油的密度与汞的密度相差悬殊,故等压计中两液面若有微小的高度差,则可忽略不计。

仪器与试剂

1. 仪器

数字式低真空测压仪(AF-01);超级恒温槽。

2. 试剂

氨基甲酸铵(C.P.);邻苯二甲酸二壬酯或硅油。

实验步骤

1. 检漏

将烘干的小球泡或特制容器(装氨基甲酸铵用)与真空系统的胶管接好,开动真空泵,检查旋塞位置并使系统与真空泵相连接,几分钟后,关闭旋塞,停止抽气,检查系统是否漏气。10min 后,若测压仪或水银压力计读数基本不变(不超过1mmHg),则表示系统不漏气。

2. 装样品

放入空气到体系中,然后取下小球泡,用特制的小漏斗将氨基甲酸铵粉末装入小球泡中,用乳胶管连接小球泡和等压计(小球泡与等压计之间不要留空隙,为什么?),并用金属丝扎紧乳胶管两端(该步骤已由实验指导教师完成)。

3. 测量

将等压计小心与真空系统连接好,并固定在恒温槽中。调节恒温槽的温度为25℃,开动真空泵,将系统中的空气排出,约 15min,关闭旋塞,停止抽气。然后缓慢开启旋塞接通毛细管,十分仔细地将空气逐渐放入系统,直至等压计 U 形管两臂硅油齐平,立即关闭旋塞,观察硅油面,反复多次地重复放气操作,直至10min 内等压计 U 形管两油臂硅油面齐平不变,即可读取测压仪或水银压力计读数及恒温槽的温度。

4. 重复测量

为了检验盛氨基甲酸铵的容器内空气是否已置换完全,可再使系统与真空泵相连,在开泵 1～2min 后,再打开旋塞(为什么?)。继续排气,约 10min 后,如上述操作。重新测定氨基甲酸铵的分解压力。如两次测定结果压力差相差小于250Pa(2mmHg),方可进行下一温度下的分解压测定,否则仍需重复抽气和测量。

5. 升温测量

调节恒温槽的温度 30℃,在升温过程中逐渐从毛细管缓慢放出空气,使分解的气体不致通过硅油鼓泡。在温度恒定并使等压计 U 形管两油臂硅油面齐平且保持 10min 不变,即可读取测压仪或压力计读数及恒温槽的温度。然后,用同样方法继续测定 35、40、45 和 50℃的分解压。

6. 复原

实验完毕后,将空气慢慢放入系统,直至测压仪读数接近为零或水银压力计汞柱恢复到齐平,使系统解除真空。

注意事项

(1)在使用真空泵之前,先插上电源,再关闭缓冲瓶通大气的旋钮,关闭真空泵之前,要先把缓冲瓶通大气旋钮打开,解除真空后,再关电源,以免泵油倒吸。

(2)用真空泵对系统抽气时,因为氨有腐蚀性,且氨与二氧化碳同时吸入泵内会生成凝结物,以致损坏泵和泵油,因此在真空泵前应安装盛有吸附了浓硫酸的硅胶干燥塔,用来吸收氨。

(3)通过毛细管将空气放入系统中,一定要缓慢进行,小心操作。若放气速度太快或放气量太多,则易使空气倒流进入到装氨基甲酸铵分解反应的小球中,此时实验应重做。

(4)若用水银压力计测量系统压力时,应对测得的压力差即分解压进行校正。因为标准汞柱是指 0℃时的汞柱高,但由于汞的密度随温度变化,且刻度尺也随温度变化进行热膨胀,而实验室温度不是 0℃,因而必须对压力进行校正。

(5)由于温度对分解压的影响很大,因此实验时必须准确控制恒温槽的温度,一般要求精确到±0.1℃。实践表明,温度越高,温度波动对分解压测量的影响越大。

实验数据记录与处理

(1)将测得的不同温度下氨基甲酸铵分解平衡后测压仪读数记入下表。计算各温度分解压,计算分解反应的平衡常数 K_p。

室温:＿＿＿＿ ℃ 　　大气压:＿＿＿＿ Pa

温度 ℃			测压仪读数 (mmHg)	分解压 (Pa)	K_p	$\ln K_p$
$T/$℃	$T/$K	$(1/T)/$K^{-1}				
25.0(1)						
25.0(2)						
30.0						
35.0						
40.0						
45.0						
50.0						

(2)作 $\lg K_p \sim 1/T$ 图,并由斜率计算氨基甲酸铵分解反应的平均等压反应热效应 $\Delta_r H_m^{\ominus}$。

(3)计算 25℃时氨基甲酸铵分解反应的 $\Delta_r G_m^{\ominus}$ 及 $\Delta_r S_m^{\ominus}$。

思考题

(1)如何检查体系是否漏气?

(2)什么叫分解压,氨基甲酸铵分解反应是属于什么类型的反应?

(3)怎样测定氨基甲酸铵的分解压力?

(4)为什么要抽净小球泡中的空气?若体系中有少量空气,对实验结果有何影响？如何判断小球泡中的空气已经抽完全？

(5)如何判断氨基甲酸铵分解已达平衡？没有平衡就测数据，将有何影响？

(6)根据哪些原则选用等压计密封液？

(7)在缓慢放入空气到体系中，若通得过快过多有何现象出现？对结果有何影响？怎样克服？

(8)将测量值与文献值相比较，分析引起误差的主要原因。

附录　氨基甲酸铵的制备方法

将干燥的氨和干燥的二氧化碳接触后，即能生成氨基甲酸铵。如果有水存在，还会生成碳酸铵或碳酸氢铵。因此原料气和反应体系必须事先干燥。此外，生成的氨基甲酸铵极易在反应容器的器壁上形成一层黏附力很强的致密层，很难将其剥离，故反应容器可选用聚乙烯薄膜袋，反应后只要对其搓揉，即可得白色粉末状的氨基甲酸铵产品。

具体操作步骤：先开启二氧化碳钢瓶，控制二氧化碳流量不要太大，在浓硫酸洗气瓶中可看到正常鼓泡；然后开启氨气钢瓶，使氨气流量比二氧化碳流量大一倍，可从液体石蜡鼓泡瓶中气泡估计其流量。如果氨气与二氧化碳的配比适当，反应又很完全（从反应器表面能感到温热），可由尾气鼓泡瓶看出此时尾气接近于零。通气约 1h，能得到 200～400g 白色粉末状的氨基甲酸铵产品，装瓶并放入干燥器中备用。

实验 30　蔗糖转化反应速率系数的测定

实验目的

(1)学习测定一级反应的速率系数和半衰期方法。

(2)了解蔗糖转化反应的反应物浓度与旋光度之间的关系。

(3)了解旋光仪的基本原理，熟悉旋光仪的使用方法。

基本原理

一级反应即反应速率与反应物浓度一次方成正比的反应。按照一级反应的特征，以反应物在某一时刻浓度的对数对时间作图，可得一直线，由斜率可求速率常数。因而测定某一时刻的瞬间浓度及相应时间成为表征一级反应的关键，只要能够找到与浓度相关联且成比例的量，进行物理或化学测量，就能够得到浓度和时间的函数关系。具体测量方法有静态法和动态法，静态法是将反应混合物取出,立即使反应停止,可以采用稀释法或将反应催化剂移去法等办法,然后进行化学分析或物理性质的测量。动态法是随着反应的进行,连续不断地对反应混合物的某种性质进行跟踪测试,不破坏反应混合物的组成。蔗糖水解就是采用动态法对反应混合物的旋光度进行跟踪测量,考察体系旋光度随时间的递变关系,进而求得速率常数。若同法测量其他温度下的旋光度随时间变化关系,则可求得不同温度下的速率常数,再以 $\ln k$ 对 $1/T$ 作图,可求得该反应的表观活化能。

蔗糖转化反应:

$$C_{12}H_{22}O_{11} + H_2O \xrightarrow{H^+} C_6H_{12}O_6 + C_6H_{12}O_6$$

（蔗糖）　　　　　　　　　（葡萄糖）　（果糖）

这是一个二级反应。在纯水中的反应速度极慢,通常需在 H^+ 离子的催化作用下进行。由于反应时水是大量存在的,尽管有部分水分子参加了反应,可以认为整个反应过程的水浓度是恒定的;而且 H^+ 是催化剂,其浓度也保持不变,因此蔗糖转化反应可看作是准一级反应。一级反应的速度方程可由①式表示:

$$- \frac{\mathrm{d}c_A}{\mathrm{d}t} = kc_A \tag{①}$$

式中:k 为反应速度常数,C_A 为时间 t 时的反应物浓度。

①式积分得:

$$\ln c_A = - kt + \ln c^\circ_A \tag{②}$$

式中:c°_A 为反应开始时蔗糖的浓度。

当 $c_A = \frac{1}{2}c^\circ_A$ 时,t 可用 $t_{1/2}$ 表示,即为反应的半衰期:

$$t_{1/2} = \frac{\ln 2}{k} = \frac{0.693}{k} \tag{③}$$

蔗糖及其转化产物都含有不对称的碳原子,它们都具有旋光性。但是它们的旋光能力不同,故可以利用体系在反应过程中旋光度的变化来度量反应的进程。测量物质旋光度所用的仪器称为旋光仪。溶液的旋光度与溶液中所含物质之旋光能力、溶剂性质、溶液浓度、样品管长度、光源波长及温度等均有关系。当其他条件固定时,旋光度 α 与反应物浓度 c 呈线形关系,即:

$$\alpha = Kc \tag{④}$$

式中:K 为比例常数。

物质的旋光能力用比旋光度来度量,比旋光度可用下式来表示:

$$[\alpha]^{20}_D = \alpha \times \frac{100}{lc} \tag{⑤}$$

式中:20 表示实验时温度 20℃;D 是指所用钠灯光源 D 线,波长 589nm;α 为测得的旋光度(度);l 为样品管的长度(dm);c 为浓度(g/100mL)。

作为反应物的蔗糖是右旋性的物质,其比旋光度 $[\alpha]_D^{20} = 66.6°$;生成物中葡萄糖也是右旋性的物质,其比旋光度 $[\alpha]_D^{20} = 52.5°$,但果糖是左旋性的物质,其比旋光度 $[\alpha]_D^{20} = -91.9°$ 。由于生成物中果糖之左旋性比葡萄糖右旋性大,所以生成物呈现左旋性质。因此,随着反应的进行,体系右旋角不断减小,反应至某一瞬间,体系的旋光度可恰好等于零,而后就变成左旋,直至蔗糖完全转化,这时左旋角达到最大值 α_∞ 。

设最初体系的旋光度为:

$$\alpha_0 = K_{反} \, c°_A \quad (t \to 0,蔗糖尚未转化) \qquad ⑥$$

最终体系的旋光度为:

$$\alpha_\infty \to K_{生} \, c°_A \quad (t \to \infty,蔗糖已完全转化) \qquad ⑦$$

⑥、⑦式中 $K_{反}$ 和 $K_{生}$ 分别为反应物与生成物之比例常数。

当时间为 t 时,蔗糖浓度为 c_A ,此时旋光度 α_t 为

$$\alpha_t = K_{反} \, c_A + K_{生}(c°_A - c_A) \qquad ⑧$$

由⑥、⑦、⑧三式联立得:

$$c°_A = \frac{\alpha_0 - \alpha_\infty}{K_{反} - K_{生}} = K'(\alpha_0 - \alpha_\infty) \qquad ⑨$$

$$c_A = \frac{\alpha_0 - \alpha_\infty}{K_{反} - K_{生}} = K'(\alpha_t - \alpha_\infty) \qquad ⑩$$

将⑨、⑩两式代入②式即得:

$$\lg(\alpha_t - \alpha_\infty) = \frac{-k}{2.303}t + \lg(\alpha_0 - \alpha_\infty) \qquad ⑪$$

由⑪式可以看出,若以 $\lg(\alpha_t - \alpha_\infty)$ 对 t 作图为一直线,从直线的斜率可求得反应速率常数 k 。

仪器与试剂

1.仪器

圆盘旋光仪一台;自制恒温箱(公用)一套;玻璃缸恒温槽一套;25mL 移液管两支;50mL 移液管一支;50mL 容量瓶一只;150mL 锥形瓶三只。

2.试剂

葡萄糖(A. R.);蔗糖(A. R.);HCl 溶液(4.000 mol · L^{-1})。

实验步骤

1.旋光仪零点校正

蒸馏水为非旋光物质,可用来校正仪器的零点(即 $\alpha = 0$ 时仪器对应的刻度)。取干净样品管,将管一端加上盖子,并向管内灌满蒸馏水,使液体形成一凸

液面,然后在样品管另一端盖上玻璃片,此时管内不应有空气泡存在,再旋上套盖,使玻璃片紧贴于旋光管,勿使漏水。但必须注意旋紧套盖时不要用力过猛,以免玻璃片压碎。用滤纸将样品管擦干,再用擦镜纸将样品管两端的玻璃片擦净,将样品管放入旋光仪内。打开光源,调整目镜聚焦,使视野清楚,然后旋转检偏镜至观察到的三分视野调节暗度相等为止。记下检偏镜之旋角 α,重复测量三次取其平均值。此平均值即为零点,用来校正仪器的系统误差。

2.室温下蔗糖转化反应及反应过程旋光度的测定

称取 10g 蔗糖至锥形瓶内,加入 50mL 蒸馏水,使蔗糖溶解。若溶液浑浊,则需要过滤。用移液管吸取 25mL 蔗糖溶液,置于干燥锥形瓶内。再用移液管吸取 25mL 4.000mol·L^{-1} HCl 溶液加到蔗糖溶液内,并使之均匀混合。注意:应从 HCl 溶液由移液管内流出一半时开始计时。迅速用少量反应液荡洗样品管两次,然后将反应液装满样品管,不应有空气泡,盖好盖子并擦净,立即放进旋光仪内,测量各时间的旋光度。第一个数据要求离开反应起始时间 1~2min,测量时将三分视野调节暗度相等后,先记录时间,再读取旋光读值。

为了多读一些数据,所以反应开始 15min 内每分钟测量 1 次,以后由于反应物浓度降低使反应速率变慢,可以将每次测量的时间间隔适当放长(5min 1次)。从反应开始需连续测量 1h。

3. α_∞ 的测量

反应完毕后,将样品管内的溶液与在锥形瓶内剩余的反应液合并,置于 50~60℃水浴内温热 30min,然后冷却至实验室温度,测其旋光度即为 α_∞ 值。

注意事项

(1)由于反应混合液的酸度很大,因此样品管一定要擦净后才能放入旋光仪,以免管外黏附的反应液腐蚀旋光仪,实验结束后必须洗净样品管。

(2)先记录时间,再读取旋光读值。

(3)水浴温度不可过高,否则将产生副反应,颜色变黄,这是因为蔗糖是由葡萄糖的苷羟基与果糖的苷羟基之间缩合而成的二糖,在 H^+ 催化下,不仅苷键断裂,高温下还有脱水反应发生。

(4)加热过程中还要避免溶液蒸发而影响浓度,以致造成 α_∞ 值的偏差。

实验数据处理与讨论

(1)将反应过程所测得的旋光度 α_t 和 t 列表,并作 α_t-t 的曲线图。

(2)从 α_t-t 的曲线图上,等时间间隔取 8 个或 10 个 α_t 数值,并算出相应的 $(\alpha_t - \alpha_\infty)$ 和 $\lg(\alpha_t - \alpha_\infty)$ 的数值。

（3）lg$(\alpha_t - \alpha_\infty)$对$t$作图,由直线斜率求出反应速度常数$k$,并计算反应的半衰期$t_{1/2}$。

思考题

（1）在实验中,我们用蒸馏水来校正旋光仪的零点,蔗糖转化反应过程所测得的旋光度α_t,是否需要零点校正?为什么?

（2）混合蔗糖溶液和HCl溶液时,我们是将HCl溶液加到蔗糖溶液里去,可否把蔗糖加到HCl溶液中去?为什么?

（3）旋光管的凸出部位有何用途?

实验 31　甲酸氧化反应动力学

实验目的

（1）用电动势法测定甲酸被溴氧化的反应级数、速度常数及活化能。

（2）了解化学动力学实验和数据处理的一般方法。

（3）加深理解反应速率方程、反应分子数、反应级数、速率系数、活化能等重要概念的意义和一级反应动力学的特点、规律。

实验原理

宏观化学动力学将反应速率与宏观变量浓度、温度等联系起来,建立反应速率方程,方程包含速率常数、反应级数、活化能和指前因子等特征因素,动力学实验主要就是测定这些特征参数。

甲酸氧化反应的动力学问题,在一定条件下它可当作简单的一级反应。

在水溶液中,甲酸被溴氧化反应的反应方程式如下:

$$HCOOH + Br_2 \rightarrow 2H^+ + 2Br^- + CO_2$$

对此反应,由于CO_2在酸性溶液中溶解度很小,且达到恒定的饱和浓度,所以它对反应速率的影响可以不予考虑。因此,上述反应的动力学方程可用如下幂函数形式表示:

$$-\frac{dc_{Br_2}}{dt} = k'_{Br_2} c_{HCOOH}^m c_{Br_2}^n c_{H^+}^p c_{Br^-}^q \tag{①}$$

式中:m、n、p、q为各物质的反应级数,k'_{Br_2}为对应的Br_2的反应速率常数。为求得各个反应级数的数值,采用浓度过量法。除反应物外,[Br^-]和[H^+]对反应速度也有影响。但在实验中使Br^-和H^+过量,保持其浓度在反应过程中近似不变,则反应速率方程式可写成：

$$-\frac{dc_{Br_2}}{dt} = k_{Br_2} c_{HCOOH}^m c_{Br_2}^n \qquad ②$$

其中

$$k_{Br_2} = k'_{Br_2} \cdot c_{H^+}^p \cdot c_{Br^-}^q$$

如果 HCOOH 的初始浓度比 Br_2 的初始浓度大得多，可认为在反应过程中保持不变，这时②式可写成：

$$-\frac{dc_{Br_2}}{dt} = k' c_{Br_2}^n \qquad ③$$

其中

$$k' = k_{Br_2} c_{HCOOH}^m \qquad ④$$

实验测得的 c_{Br_2} 随时间变化的函数关系，即可确定反应级数 n 和速率系数 k'。如果在同一温度下，用两种不同浓度的 HCOOH 分别进行测定，则可得两个 k' 值。

$$k'_1 = k_{Br_2} c_{HCOOH(1)}^m \qquad ⑤$$

$$k'_2 = k_{Br_2} c_{HCOOH(2)}^m \qquad ⑥$$

联立解⑤、⑥两式，即可求出级数 m 和速度系数 k。

本实验采用电动势法跟踪 Br_2 浓度随时间变化，以饱和甘汞电极（或银—氯化银电极）和放在含 Br_2 和 Br^- 的反应溶液中的铂电极组成如下电池：

$$(-)\ Hg, Hg_2Cl_2 | Cl^- | Br^-, Br_2 | Pt(+)$$

此电池的电动势是：

$$E = E_{Br_2/Br^-}^{\ominus} + \frac{RT}{2F} \ln \frac{c_{Br_2}}{2c_{Br^-}} - E_{甘汞} \qquad ⑦$$

当 c_{Br^-} 很大时，在反应过程中 Br^- 浓度可认为保持不变，⑦式可写成：

$$E = C + \frac{RT}{2F} \ln c_{Br_2} \qquad ⑧$$

若甲酸氧化反应对 Br_2 为假一级，则 $-\dfrac{dc_{Br_2}}{dt} = k' c_{Br_2}$ 积分得：

$$\ln c_{Br_2} = C' - k't \qquad ⑨$$

将⑨式代入⑧式，并对 t 微分：

$$k' = -\frac{2F}{RT} \frac{dE}{dt} \qquad ⑩$$

因此，以 E 对 t 作图，如果得到的是直线关系，则证实上述反应对 Br_2 为一级，并可以从直线的斜率求得 k'。上述电池的电动势约为 0.8V，而反应过程电动势的变化只有 30mV 左右。当用自动记录仪或电子管伏特计测量电势变化时，为了提高测量精度而采用补偿法，于其中分出一恒定电压与电池同极连接，使电池电势对消一部分。调整电位器，使对消后剩下 20～30mV，因而可使测量电势变化的精度大大提高。

实验装置如图 4-17 所示。

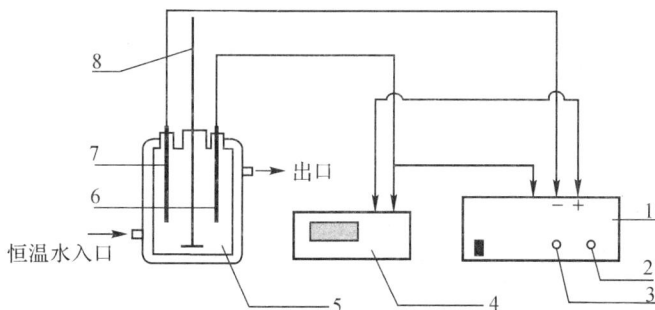

图 4-17　甲酸氧化反应装置图

1—甲酸氧化动力学实验测定仪；2—粗调电位器；3—细调电位器

4—SunnyLAB200A 无纸实验数据分析记录仪；5—夹套反应池；6—铂电极

7—甘汞电极；8—机械搅拌器（或用磁力搅拌器）

仪器与试剂

1.仪器

SunnyLAB200A 无纸实验数据分析记录仪，超级恒温槽 1 套；甲酸氧化动力学实验测定仪；饱和甘汞电极 1 支（或银、氯化银电极 1 支）；铂电极 1 支；电动搅拌器 1 台；夹套反应池 1 个；50mL 移液管 1 支；25mL 移液管 1 支；10mL 移液管 1 支（公用）；5mL 移液管 4 支（公用）；洗瓶 1 只；洗耳球 1 个；倾倒废液的搪瓷量瓶 1 只。

2.试剂

$0.02mol \cdot L^{-1}$ 溴水（用 $0.0075mol \cdot L^{-1}$ 溴试剂贮备液）；$2.00 \ mol \cdot L^{-1}$ $HCOOH$；$4.00 \ mol \cdot L^{-1}$ $HCOOH$；$2mol \cdot L^{-1}$ 盐酸；$1mol \cdot L^{-1} KBr$；铬酸溶液。

实验步骤

（1）调节超级恒温槽至所需温度（25℃），开动循环泵，使循环水在夹套反应池中循环，并将甲酸试剂瓶放在恒温槽内恒温。

（2）认真处理铂电极表面。具体方法是：用热的铬酸溶液浸泡铂电极，数分钟后取出，用水冲洗，再用去离子水冲洗后，将其用滤纸吸干。

（3）配溶液：用移液管向反应器中分别加入 75mL 水、10mLKBr、5mL 溴试剂，再加入 5mL 盐酸。

（4）装好电极，并按图 4-17 所示接好测量线路，开动搅拌器，使溶液在反应器内恒温，打开记录仪，调动电位器，使实验数据记录仪上的电动势值在 30～

40mV 范围内(最大值不宜超过 40mV)。当记录值达到最大值并且至少保持两分钟不变,或数值开始下降时(为什么?),关掉实验数据记录仪,取 5mL 2mol·L^{-1}甲酸溶液从铂电极口注入反应池,立即打开实验数据记录仪,开始记录。待反应完全后停止,并到电脑相应软件上读入并处理,其结果应为一条直线。

(5)使甲酸浓度增大一倍,保持温度及其余组分浓度不变,重复上述步骤再测定一条 E-t 曲线。

(6)将反应温度调至 30℃,所加甲酸浓度为 2mol·L^{-1},其余组分浓度均不变,重复上述步骤测定一条 E-t 曲线。

(7)在甲酸浓度为 2mol·L^{-1}时,分别测出 35℃和 40℃的 E-t 曲线。

(8)实验结束后,反应池用去离子水冲洗干净,铂电极洗后放回原处。

实验数据记录与处理

实验温度:_____℃;大气压:_____kPa

序号	温度(℃)	甲酸浓度 (mol·L^{-1})	直线斜率	$k' \times 10^3$	$k \times 10^2$	$\ln k$	$1/T \times 10^3$

(1)直接从记录仪上得到电势对时间的相关直线。从直线斜率求出 k',解联立方程,求出反应级数 m。

(2)计算各温度下的反应速率常数 k。

(3)根据 Arrhenius 方程,由不同温度下的速率系数计算该反应的表观活化能 E_a。

$$\ln(k_2/k_1) = (E_a/R)(1/T_1 - 1/T_2)$$

(4)根据 $\ln k = -E_a/(RT) + C$ 作 $\ln k \sim 1/T$ 图,由斜率计算反应的表观活化能 E_a。

思考题

(1)为什么用记录仪或电子管毫伏计进行测量时要把电池电势对消掉一部分? 这样做对结果有无影响?

(2)写出本实验电池的电极反应和电池反应以及相应的能斯特方程。如何估计该电池的电动势约为 0.8V?

（3）本实验反应物之一溴是如何产生的? 写出有关反应。为什么要加入 5mL 盐酸?

（4）为什么要等记录值达到最大值且保持至少 2min 不变，或数值开始下降时，再加入甲酸溶液? 若提前加入对结果有什么影响?

实验 32　乙酸乙酯皂化反应速率系数的测定

实验目的

（1）用电导法测定乙酸乙酯皂化反应的速度常数和活化能，了解测定化学反应动力学参数的物理化学分析法。

（2）通过实验加深理解二级反应动力学的特征，学习二级反应动力学参数的求解方法。

（3）进一步认识电导测定的应用，熟练掌握电导率仪的使用。

实验原理

化学动力学实验的基本内容是测定不同温度时反应物或产物的浓度随时间的变化关系。获得动力学数据最直接的方法是化学分析法，实验中每间隔一定时间，从反应器取样进行化学分析，得到样品中反应物或产物的浓度。然而该方法在实用上有一定限制，主要原因是：（1）不少化合物很难用化学分析的方法定量测定，特别是有机物。（2）每次都必须从反应器中取出较多的样品。（3）为防止在取样后反应继续进行，必须对样品作特殊处理，这一点往往不容易。因此，更多地采用物理化学分析法，即测定反应系统的某些特殊性质随时间的变化，这些物理性质应与反应物和产物的浓度有较简单的关系（线性、正比、反比等），且在反应前后有明显改变，最常用的有电导、电动势、旋光度、吸光度、折光率、蒸气压、黏度、气体压力或体积等。本实验采用电导法研究乙酸乙酯皂化反应动力学。

对于二级反应：$A+B\rightarrow$产物

如果 A、B 两物质初始浓度相同，均为 a，反应速率的表示式为：

$$\frac{\mathrm{d}x}{\mathrm{d}t} = k(a-x)^2 \qquad ①$$

式中：x 为 t 时刻生成物的浓度。①式定积分得：

$$k = \frac{1}{t}\frac{x}{a(a-x)} \qquad ②$$

实验测得不同 t 时的 x 值，按②式计算相应的反应速率常数 k。如果 k 值为常数,证明该反应为二级。通常,以 $\dfrac{x}{a-x} \sim t$ 作图,若所得为直线,证明为二级反应,并可从直接的斜率求出 k。所以在反应进行过程中,只要能够测出反应物或生成物的浓度,即可求得该反应的 k。

温度对化学反应速率的影响常用 Arrhenius 方程描述:

$$\frac{\mathrm{d}\ln k}{\mathrm{d}T} = \frac{E_a}{RT^2} \tag{③}$$

式中:E_a 为反应的活化能。假定活化能是常数,测定了两个不同温度下的速率常数 k_{T_1} 与 k_{T_2} 后可以按下式计算反应的活化能 E_a。

$$E_a = \ln \frac{k_{T_2}}{k_{T_1}} \times R\left(\frac{T_1 T_2}{T_2 - T_1} \right) \tag{④}$$

乙酸乙酯皂化反应是一个典型的二级反应,其反应式为:

$$CH_3COOC_2H_5 + OH^- \rightarrow CH_3COO^- + C_2H_5OH$$

反应系统中,OH^- 电导率大,CH_3COO^- 电导率小。所以,随着反应进行,电导率大的 OH^- 逐渐为电导率小的 CH_3COO^- 所取代,溶液电导率有显著降低。对于稀溶液,强电解质的电导率 κ 与其浓度成正比,而且溶液的总电导率就等于组成该溶液的电解质的电导率之和。若乙酸乙酯皂化反应在稀溶液中进行,则存在如下关系式:

$$\kappa_0 = A_1 a \tag{⑤}$$

$$\kappa_\infty = A_2 a \tag{⑥}$$

$$\kappa_t = A_1(a - x) + A_2 x \tag{⑦}$$

式中:A_1、A_2 是与温度、电解质性质和溶剂等因素有关的比例常数,κ_0、κ_t、κ_∞ 分别为反应开始、反应时间为 t 时和反应终了时溶液的总电导率。由⑤～⑦式可得:

$$x = \left(\frac{\kappa_0 - \kappa_t}{\kappa_0 - \kappa_\infty} \right) a \tag{⑧}$$

代入②式并整理可得:

$$\kappa_t = \frac{1}{ak} \frac{\kappa_0 - \kappa_t}{t} + \kappa_\infty \tag{⑨}$$

因此,以 $\kappa_t \sim \dfrac{\kappa_0 - \kappa_t}{t}$ 作图为一直线即说明该反应为二级反应,且由直线的斜率可求得速率常数 k;由两个不同温度下测得的速率常数 k_{T_1} 与 k_{T_2},可以求出反应的活化能 E_a。由于溶液中的化学反应实际上非常复杂,以上所测定和计算的是表观活化能。

仪器与试剂

1.仪器

DDS-11A 型电导率仪 1 台；无纸实验数据分析记录仪 1 台；恒温水浴 1 套；DJS-1 型电导电极 1 支；双管反应器 2 只、大试管 1 只；100mL 容量瓶 1 只；20mL 移液管 3 支；0.5mL 刻度移液管 1 支。

2.试剂

0.0200mol·L^{-1} NaOH 溶液，分析纯乙酸乙酯，新鲜去离子水或蒸馏水。

实验步骤

1.仪器准备

了解电导率仪的使用和读数方法，调节表头零点，将"校正测量"开关打到校正位置，打开电源，预热数分钟，将电极常数调节器调到配套电极的相应位置，插入电极，连接记录仪，将"高周、低周"开关打到高周，仪表稳定后，旋动调整旋钮，使指针满刻度。并将电导率仪的记录输出与记录仪相连。

2.配制乙酸乙酯溶液

配制 0.0200 mol·L^{-1} 乙酸乙酯溶液。先计算配制 0.0200mol·L^{-1} 乙酸乙酯溶液 100mL 所需的分析纯乙酸乙酯(约 0.1762g)量，根据乙酸乙酯温度与密度的关系式：

$$\rho = 924.54 - 1.68 \times t - 1.95 \times 10^{-3}t^2 \qquad ⑩$$

式中：ρ、t 的单位分别为 kg·m^{-3} 和 C，计算该温度下对应的密度并换算成配准 100mL 0.02mol·L^{-1} 所需乙酸乙酯的体积，用 0.5mL 刻度移液管移取所需的体积，加到预先放好 2/3 去离子水的 100mL 容量瓶中，然后稀释至刻度，加盖摇匀备用。

3.测量

(1) κ_0 的测量

将恒温水浴调至 25 C，用移液管吸取 20mL 0.0200mol·L^{-1}NaOH 溶液装入干净的大试管中，再加 20mL H$_2$O，将电导电极套上塞子，电极经去离子水冲洗后，用滤纸吸干(注意不要碰到电极上的铂黑)，插入大试管中(注意电极不要碰到试管壁)，大试管放入恒温水浴，恒温约 10min，将电导率仪的"校正测量"开关扳到"测量"位置，实验数据记录仪开始记录。调节记录仪的时间范围为 60min。

(2) κ_t 的测定

将洁净干燥的双管反应器置于恒温水浴中，用移液管取 0.0200mol·L^{-1}乙酸乙酯溶液 20mL，放入粗管。将电极用电导水认真冲洗 3 次，用滤纸小心吸干电极上的水，然后插入粗管，并塞好。用另一支移液管取 20mL 0.0200 mol·L^{-1} NaOH 溶液放入细管，恒温约 10min。打开实验数据记录仪，调节记录仪的时间范围为 60min。用洗耳球迅速反复抽压细管两次，将 NaOH 溶液尽快完全压入粗管，使溶液充分混合，大约 30min 可以停止测量。

（3）重复以上步骤，测定 35℃时反应的 κ_0 与 κ_t。

实验结束后，将实验数据记录仪中数据读到电脑里处理后打印出来。将电极用电导水冲洗后，浸入电导水中，将双管反应器与大试管洗净放入烘箱。

实验数据记录与处理

（1）在本实验中，电导率数据不必从电导率仪上读出，而用与电导率成正比的记录仪的 mV 数代替。

（2）在打印纸上将记录曲线外推到 $t=0$ 处，求取 κ_0 值。检查此值与单独测量 0.0100 mol·L^{-1} NaOH 溶液所得的 κ_0 的差别。

（3）在打印纸上从 $t=0\sim30$min 中选取 10～15 个点按下表处理。

$T=$＿＿＿℃	$\kappa_0=$＿＿＿ mV	$a=$＿＿＿ mol·L^{-1}
时间 t(min)	κ_t (mV)	$(\kappa_0-\kappa_t)/t$
…		
…		
…		

（4）以 $\kappa_t\sim(\kappa_0-\kappa_t)/t$ 作图，由所得直线的斜率求 k。

（5）由 25℃与 35℃两个温度下所测的 k 值求表观活化能 E_a。

（6）查找文献数据，比较实验值与文献值的差别。

思考题

（1）为什么乙酸乙酯与 NaOH 溶液必须足够稀？

（2）被测溶液总的电导率主要是哪些离子的贡献？反应过程中电导率如何变化？

（3）用洗耳球压溶液混合时，为什么要反复两次而且动作要迅速？

（4）为什么可用记录仪的毫伏数代替电导率计算反应速度常数？

（5）预先单独测定 NaOH 溶液的电导率有何作用？

（6）若要确定 κ_∞，可采用哪些方法？

（7）未反应的溶液暴露在空气中放置时间过长，将对反应结果产生什么影响？

（8）针对该实验数据，有没有其他数学处理方法来求取 k 值？请具体说明。

实验 33　　溶液表面张力的测定及等温吸附

（一）最大气泡法测定溶液表面张力

实验目的

（1）掌握表面张力、表面自由能及表面吸附等基本概念以及表面张力和吸附的关系。

（2）掌握最大气泡法测定溶液表面张力的原理和操作。

（3）学习、比较吉布斯吸附等温式和兰缪尔吸附等温式。

实验原理

溶液表面张力的测定，对于了解体系的性质尤其是界面性质、溶液的表面层结构及表面分子之间的相互作用提供了重要依据，也可用来求表面活性剂的有效值、表面活性剂的效率及临界胶束浓度和塔板效率等。许多工业过程如强化采油、泡沫或乳状液的制备，生命过程如呼吸过程以及许多发生在气－液界面的自然现象，在很大程度上都受到表面活性剂吸附和脱附的影响，深刻了解这些过程不仅在实际生产中对表面活性剂类型和浓度的选择具有指导意义，而且可以用物理化学手段对一些生命过程进行探讨。因此，表面张力的测定具有重要意义。测定溶液表面张力的方法主要有：最大气泡法、拉环法、滴重（滴体积）法、毛细管升高法、吊片法、振荡射流法、悬滴法和滴外形法。本实验采用最大气泡法和拉环法。最大气泡法是基于测定毛细管内外压力差即附加压力进而求得表面张力的一种方法，可测定熔融金属及窑炉中的液体等不易接近而需远距离操作的液体体系。拉环法是用界面张力仪（也叫扭力天平）迅速、准确地测定纯液体或溶液的表面张力以及两液体的界面张力，操作简单，因而广泛应用于教学及生产实际中。

最大气泡法测定表面张力的仪器装置如图 4-18 所示。

当表面张力仪中的毛细管尖端与待测液体相切时，液面即沿毛细管上升。打开滴液漏斗 1 的活塞，使水缓慢下滴而减小系统压力，这样毛细管内液面上受到一个比试管中液面上大的压力，当此压力差在毛细管尖端产生的作用力稍大于毛细管管口液体的表面张力时，气泡就从毛细管管口逸出，这一最大压力差可由数

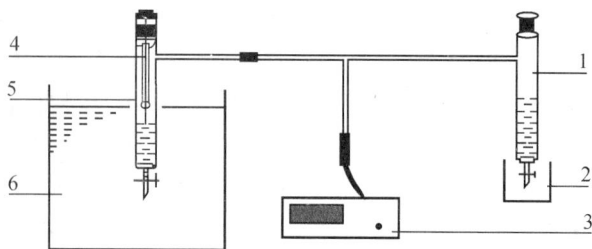

图 4-18　最大气泡法测定表面张力的仪器装置如图

1—滴液漏斗;2—烧杯;3—数字式微压差测量仪

4—带磨口毛细管表面张力仪;5—滴液漏斗;6—恒温槽

字式微压差测量仪测出:$p_{最大}＝p_{大气}－p_{系统}＝\Delta p$。毛细管内气体压力必须高于大试管内液面上压力的附加压力以克服气泡的表面张力,此附加压力 Δp 与表面张力 σ 成正比,与气泡的曲率半径 R 成反比,其关系式为:

$$\Delta p = \frac{2\sigma}{R} \qquad ①$$

σ 的物理意义:是指在一定温度下,沿液体表面切线方向作用在单位长度上的力($N \cdot m^{-1}$)。

如果毛细管半径很小,则形成的气泡基本上是球形的,当气泡刚开始形成时,表面几乎是平的,这时曲率半径最大,随着气泡的形成,曲率半径逐渐变小,直到形成半球形,这时曲率半径 R 与毛细管内半径 r 相等,曲率半径达到最小值。由①式可知此时附加压力达最大值,气泡进一步长大,R 变大附加压力则变小,直到气泡逸出。$R = r$ 时的最大附加压力 $\Delta p = \dfrac{2\sigma}{r}$,从此式得 $\sigma = \dfrac{r}{2}\Delta p_m$,当使用同一根毛细管及一定的压差计介质时,对两种具有表面张力为 σ_1, σ_2 的液体而言,σ 正比于 Δp,且相同温度下有:

$$\frac{\sigma_1}{\sigma_2} = \frac{\Delta p_1}{\Delta p_2}$$

若液体 2 的 σ_2 为已知,则

$$\sigma_1 = \sigma_2 \frac{\Delta p_1}{\Delta p_2} = K\Delta p_1 \qquad ②$$

式中:K 为仪器常数,可用已知表面张力的液体 2 来测得,因此,可通过②式求得 σ_1。

本实验就是通过测定已知表面张力的水的 Δp_2 来求得仪器常数 K,从而进一步测得不同浓度正丁醇溶液的表面张力。

在纯物质情况下,表面层的组成与内部的组成相同,但溶液的情况却不然。加入溶质后,溶液的表面张力将发生变化。根据能量最低原理,溶质若能降低溶

液的表面张力,则表面层中溶质的浓度就比溶液内部的大;反之,溶质若使溶液的表面张力升高,则它在表面层中的浓度比在内部的浓度小,这种表面浓度与溶液内部浓度不同的现象叫做溶液的表面吸附。显然,在指定的温度和压力下,溶质的吸附量与溶液的表面张力的变化及溶液的浓度有关。在稀溶液中,用热力学方法可知它们间的关系遵循吉布斯吸附方程:

$$\Gamma = -\frac{c}{RT}\left(\frac{\partial \sigma}{\partial c}\right)_T \qquad\qquad ③$$

式中:Γ 为表面吸附量(mol·m^{-2});T 为绝对温度(K);c 为溶液浓度(mol·m^{-3});R 为气体常数。

表面吸附量的物理意义:是指单位面积的表面层所含溶质的摩尔数比同量溶剂在本体溶液中所含溶质摩尔数的超出值,因而也称为表面超量。当 $(\partial \sigma/\partial c)_T < 0$ 时,$\Gamma > 0$,称为正吸附,也就是增加溶质浓度时,溶液的表面张力降低,该溶质称为表面活性物质;当 $(\partial \sigma/\partial c)_T > 0$ 时,$\Gamma < 0$,称为负吸附,即增加浓度时,溶液的表面张力增大,这种溶质称为非表面活性物质。在水溶液中,表面活性物质具有显著的不对称结构,它是由两基团即极性(亲水)部分和非极性(疏水)部分构成的。在水溶液表面,一般极性部分取向溶液内部,而非极性部分则取向空气。对于有机化合物来说,表面活性物质的极性部分一般如:NH$_2$、—OH、—SH、—COOH、—SO$_3$ 等,而非极性部分则为烃基。表面活性物质分子在溶液表面的排列情况,随其在溶液中浓度不同而异,但当浓度达到某一值后,这时表面活性物质在表面层的吸附量为一定值,而与溶液浓度 c 无关,而且与溶质分子的碳氢链的长度无关,此时称为饱和吸附。溶质在表面层竖直排列,因而可由饱和吸附量求出溶质分子的横截面积。

当用②式求得一系列不同浓度溶液的表面张力后,作 $\sigma\text{-}c$ 图。在 $\sigma = f(c)$ 的曲线上用镜像法或玻璃棒法(见本实验附录)作出不同浓度点的切线,并延长与纵坐标相交,经过切点作一平行于横坐标的直线与纵坐标相交,若令此直线和切线在纵坐标上所截之长度为 Z,则 $Z = -c \cdot (\partial \sigma/\partial c)_T$,将 Z 代入③式,则

$$\Gamma = \frac{Z}{RT} \qquad\qquad ④$$

用这种方法可算出与浓度对应的 Γ 值,将 Γ_1、Γ_2……对 c 作图,就可得到吸附等温线。

若在溶液表面上的吸附是单分子层的吸附,则按兰缪尔吸附等温式:

$$\Gamma = \Gamma_\infty \frac{Kc}{1 + Kc} \qquad\qquad ⑤$$

式中:Γ_∞ 为溶液单位表面上盖满单分子层溶质时的饱和吸附量,K 为特性常数(L·mol^{-1}),它取决于吸附质的吸附特性。把兰缪尔式改写成:

$$\frac{c}{\Gamma} = \frac{c}{\Gamma_\infty} + \frac{1}{K\Gamma_\infty} \qquad ⑥$$

从⑥式可以看出,以 $c/\Gamma\text{-}c$ 作图,可得一直线,其斜率为 $1/\Gamma_\infty$,截距为 $1/(k\Gamma_\infty)$,进而可求得 Γ_∞ 和 K。

设 N 代表 1cm^2 溶液表面溶质的分子数,如果溶质是表面活性物质,则得 $N = \Gamma_\infty N_A$ (N_A 为阿佛伽德罗常数),每个溶质分子在溶液表面上所占的截面积即为:

$$q = \frac{1}{N_A \Gamma_\infty} \qquad ⑦$$

仪器与试剂

1. 仪器

表面张力测定装置 1 套;恒温装置 1 套;AF-02 型数字式微压差测量仪 1 台;50mL 容量瓶 8～12 个;50mL 碱式滴定管 1 支。

2. 试剂

正丁醇(A. R.)。

实验步骤

(1)配制约 $0.5 \text{ mol} \cdot \text{L}^{-1}$ 的正丁醇溶液 250mL(正丁醇质量必须用分析天平准确称量。除化学系外的学生实验,实验室已预先配好该浓度正丁醇)。

(2)利用上述配制的溶液,在 50mL 容量瓶中稀释成下列浓度:$0.02 \text{ mol} \cdot \text{L}^{-1}$、$0.04 \text{ mol} \cdot \text{L}^{-1}$、$0.06 \text{ mol} \cdot \text{L}^{-1}$、$0.09 \text{ mol} \cdot \text{L}^{-1}$、$0.12 \text{ mol} \cdot \text{L}^{-1}$、$0.16 \text{ mol} \cdot \text{L}^{-1}$、$0.2 \text{ mol} \cdot \text{L}^{-1}$ 和 $0.24 \text{ mol} \cdot \text{L}^{-1}$。但实验点的个数和各点的浓度并不是一成不变的,实验温度即恒温槽温度愈低,在 $0.24 \text{ mol} \cdot \text{L}^{-1}$ 以后还可以继续增做几个更高浓度的正丁醇溶液;实验温度愈高,就可去掉几个高浓度溶液,而在低浓度处插入几个溶液。如果时间允许,要求把实验点个数最好从 8 点增至 12 点,这样就可使实验点在 $\sigma\text{-}c$ 图上做到尽量密些,以减少连点画线时的人为因素,大大消除误差,为作切线求 Z 提供了必要的保证。

(3)调节恒温槽,使之恒定在所要求的温度。

(4)用洗液洗净大试管及毛细管内外壁(若毛细管内壁上还残留有油迹,则几次读得之 Δp_m 就会相差甚大,甚至当 Δp_m 很大时毛细管尖端还不鼓出空气泡,这时就无法读得正确的 Δp_m)。然后用自来水和去离子水洗之,再将适量去离子水装于洗净的大试管中,盖好带毛细管的标准磨口,防止漏气,并使毛细管尖端刚好与液面接触并保持垂直。若毛细管口插入液面以下,鼓泡时就易形成连珠泡,而且需克服液体静压力,致使测定结果不准。恒温 15min 后,缓慢打开滴液瓶旋塞,以使气泡从毛细管尖端尽可能缓慢,均匀地鼓出,用 AF-02 型数字式微压差测量仪读取并记录 Δp_m,连续读三次,取其平均值。

(5)按上法分别对各种不同浓度的正丁醇溶液测定其 Δp_m,注意测定时不必烘干大试管及毛细管,只要用待测溶液连续两次清洗大试管及毛细管内外壁即可,不同浓度的溶液测定时要从稀到浓依次测定。

实验数据记录与处理

正丁醇溶液表面张力的测定

室温:_____C;大气压:_____kPa

浓度(mol·L^{-1})	0.00	0.02	0.04	0.06	0.09	0.12	0.16	0.20	0.24
Δp_m(Pa)									
σ(mN·m^{-1})									
Z									
$\Gamma = Z/RT$(mol·m^{-2})									
c/Γ(m^{-1})									

(1)计算仪器常数 K。

(2)求出各浓度正丁醇溶液浓度的表面张力。

(3)作 σ-c 图,用曲线板连接实验点,曲线要光滑,并用镜像法或玻璃棒法从图中曲线上作出每一种浓度的切线,并求得相应的 Z 值(斜率变化大的地方切线要作得密些)。

(4)由④式计算不同浓度时的 Γ 值。

(5)作 Γ-c 图,得吉布斯吸附等温线。从曲线上取 8~10 点,并求出 c/Γ 值。

(6)作 c/Γ-c 图,由直线斜率和截距求得 Γ_∞ 和 K,得兰缪尔吸附等温式,并计算出溶质分子的截面积 q 值。

思考题

(1)毛细管尖端为何要刚好与液面相切?

(2)为何毛细管的尖端要平整?选择毛细管直径大小时应注意什么?

(3)如果气泡出得很快对结果有何影响?

(4)用最大气泡法测表面张力时,为什么要取一标准物质?本实验中若不用水作标准物质行不行?

(5)在本实验中,有哪些因素将影响测定结果的准确性?

附录　镜像法作切线

　　用一块平面镜垂直地放在图纸上,使镜和图纸的交线通过曲线上某点,以该点为轴旋转平面镜,使曲线在镜中的图像和图上的曲线连接,不形成折线,然后沿线面作一直线,此直线即可被认为是曲线在该点上的法线;再将此镜面与另半段曲线同上法作该点的法线。如与前者不重叠,可取此两法线的中线作为该点的法线,再作这根法线的垂线,即得在该点上曲线的切线。

(二)拉环法测定溶液表面张力

实验原理

　　拉环法也称Du Nouy脱环法,即让一圆环水平地接触液面,测量将环拉离液面过程中所施加的最大拉力。Timberg 和 Sondhauss 首先使用此法,但Du Nouy第一次应用扭力天平来测量此最大拉力。通过适当校正,该法对于液体表面张力和界面张力结果令人满意。界面张力仪主要由扭力丝、铂丝环、支架、杠杆架及蜗轮等组成(图4-19)。原理是液面接触的铂丝环对液体有一种拉力,该拉力与液体的表面张力相平衡,通过蜗轮的旋转对钢丝施加扭力而使铂丝环向上拉起。当扭力继续增加液面被拉破时,钢丝扭转的角度可用刻度盘上的游标指示出来,此读数就是 W 值,用 mN·m^{-1} 表示,再乘以一个校正因子 F,即得液体的表面张力数值。

　　当一个金属环(如铂丝环)与润湿该金属的液体相接触时,慢慢向上提升,则因液体表面张力的作用,而形成一个内径为 R'、外径为 $R' + 2r$ 的环形液柱,如图4-20所示。这时向上的总拉力 W 与此环形液柱的重力 mg 相等,同时等于内外两边液体的表面张力 σ 之和,即

$$W = mg = 2\pi\sigma R' + 2(R' + 2r)\pi\sigma = 4R\pi\sigma \tag{8}$$

$$\sigma = \frac{W}{4\pi} \tag{9}$$

式中:$R = R' + 2r$(即铂丝环的平均半径)。

　　但实际上图4-20(a)所示情况只是一个理想状况。被铂丝环拉起的形环液柱并非与液面相垂直而是向外凸起并与液面呈一定角度(图4-20(b)),并且随着向上移动的距离增加,液体的变形程度增加,故由中心到破裂点的半径小于环的半径,这种影响由环的半径与铂丝的半径比给出。另外,少量液体附在环下部,其影响可以用一种函数形式表示。实验表明,铂丝环拉起的液体的形状是 R^3/V(V 为液体体积)、R/r 以及表面张力的函数。上述的两种影响使得总拉力 W 必

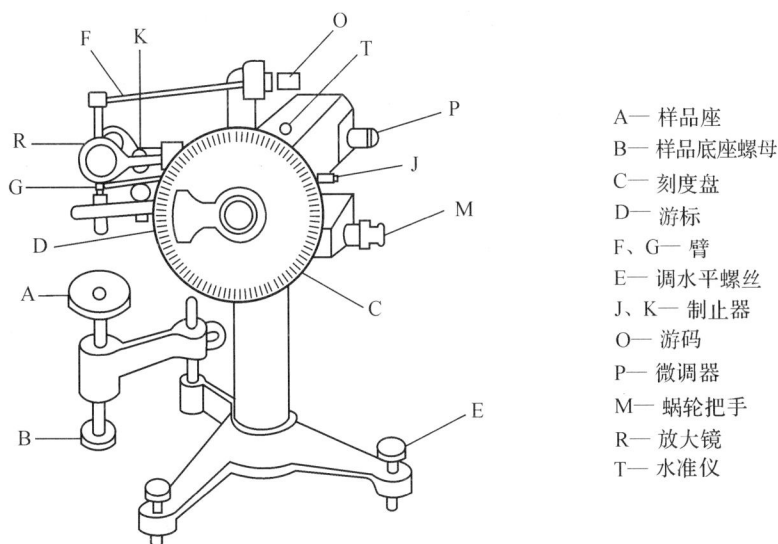

A— 样品座
B— 样品底座螺母
C— 刻度盘
D— 游标
F、G— 臂
E— 调水平螺丝
J、K— 制止器
O— 游码
P— 微调器
M— 蜗轮把手
R— 放大镜
T— 水准仪

图 4-19　界面张力仪结构示意图

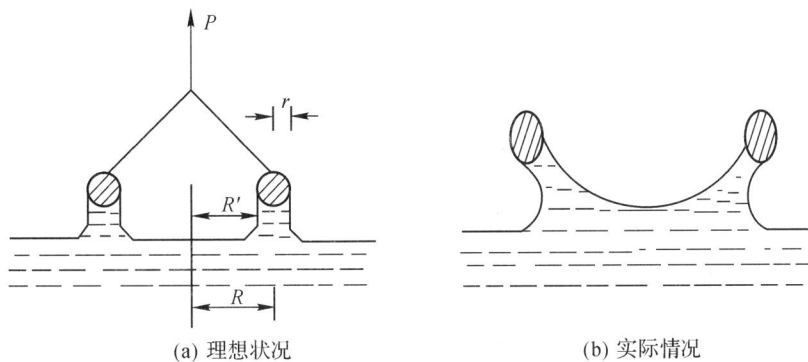

(a) 理想状况　　　　　　　　(b) 实际情况

图 4-20　环形液柱示意图

须乘上一个校正因子 F，才能得到液体表面张力的正确数值，即：

$$\sigma = \frac{W}{4\pi} \qquad ⑩$$

下表给出了拉环法校正因子 F 的一些数据。本实验中 F 可按下式计算：

$$F = 0.7250 + \sqrt{\frac{0.01452W}{L^2\rho} + 0.04534 - \frac{1.67}{R}} \qquad ⑪$$

式中：ρ 为液体密度、L 为铂丝环周长。按不同半径比计算的某些校正因子数值列于下表供查阅。

拉环法校正因子 F 的一些数值表

R^3/V	F		
	$R/r=32$	$R/r=42$	$R/r=50$
0.3	1.018	1.042	1.054
0.5	0.946	0.973	0.9876
1.0	0.880	0.910	0.9290
2.0	0.820	0.860	0.8798
3.0	0.783	0.828	0.8521

仪器与试剂

1. 仪器

拉环法界面张力仪一套。

2. 试剂

正丁醇水溶液(0.025 mol·L^{-1}、0.05 mol·L^{-1}、0.05 mol·L^{-1}、0.1 mol·L^{-1}、0.125 mol·L^{-1}、0.2 mol·L^{-1}、0.3 mol·L^{-1}、0.4 mol·L^{-1}、0.5 mol·L^{-1});蒸馏水。

实验步骤

1. 清洗

用热的洗液洗净铂丝环和玻璃皿,再用蒸馏水洗涤。铂丝环可用清洁滤纸沾干,也可用酒精灯火灼烧。铂丝环应十分平整,洗净后不要再用手触摸。

2. 调仪器水平

仪器放在平稳无振动的实验台上,室温应保持在 20~25 ℃。调节螺母 1、2,使横梁上的水准泡在指定的圆圈中间,表示仪器已达到水平状态。

3. 调仪器零点

将铂丝环悬挂于吊杆臂 G 的下端,旋转蜗轮把手 M 使刻度盘读数为零,打开臂的制止器 J 和 K,调整放大镜 R 的位置,使其恰好能观测到臂上的 L 指针与反射镜中的红线,若两者重合,可进行下一步试验;若两者不重合,旋转横梁上的微调器 P 使其重合。

4. 测量

取蒸馏水至玻璃皿约 1/2 体积,放于样品座 A 上。将铂丝环浸入液体中,调节底座螺母 B,使铂丝环与样品座一起上升至溶液表面(注意:既不能将液面拉起,也不能将环进入液面太深,每次测定应基本重复),并使 L 指针与红线重合。

旋转蜗轮把手 M 来增加钢丝的扭力,同时旋转样品底座螺母 B,并始终保持 L 指针与红线重合。这两个作用将被继续着,直至液膜破裂、铂丝环离开液体表面为止,此时的刻度盘读数即为液体的表面张力数值。重复测量三次(误差不超过 $3mN \cdot m^{-1}$),取平均值。

5.重复测量

依次取不同浓度的正丁醇水溶液由稀到浓进行测试,每次先用待测液润洗铂丝环和玻璃皿两次,重复步骤 4 进行测量,可分别测得各溶液的表面张力数值。由于本实验进行的是物理测试,不破坏溶液的组成,故测量后的溶液可以倒回相应的试剂瓶中。

6.仪器复原

先用自来水后用蒸馏水将铂丝环及玻璃皿洗净,并将仪器复原。

实验数据及处理

(1)记录实验时的室温和大气压。

(2)根据铂丝环圆木盒上所给的铂丝环半径,计算 R^3/V 和 R/r,通过上表查出校正因子 F;若表中没有相应数据,则代入公式自行计算。

(3)溶液的表面张力校正后,对浓度作图,并在曲线上选取 8～10 个点,求出各点的斜率。

(4)计算不同浓度溶液的表面吸附量,并作出 Γ-C 曲线;

(5)求出饱和吸附量 Γ_∞ 及正丁醇分子的横截面积 q。

注意事项

(1)仪器零点的校正还可以用质量法校正:

把一块小纸片放在铂金环的圆环上,再加上一定质量的砝码,当 L 指针与红线重合时,刻度盘读数恰好与下面的计算值相等;如不相同,调节两臂 F 和 G 的长度。注意:调节时必须使两臂保持臂长以相同的比例增长,保证铂丝环在测试过程中垂直地上下移动,再通过游码的左右移动达到调整的结果,如用 0.0008kg 的砝码放在铂丝环的小纸片上,旋转蜗轮把手 M,直到 L 指针与反射镜中的红线精确地重合,记下刻度盘上的读数(精确到 0.1 分度)。此时的计算值为:

$$M = \frac{mg}{2L} = \frac{0.0008 \times 9.8 \times 10^3}{2 \times 0.06} = 65(mN \cdot m^{-1})$$

如果记录的读数比计算值大,应调节杠杆臂上的两个手母,使两臂的长度等值缩短;如果记录的读数比计算值小,则应使两臂伸长,以此方法重复几次,直至刻度盘上的读数与计算值一致为止。

(2)界面张力仪除用来测定表面张力外,还可用来测定两种液体的界面张力

当测量水与密度比水小的液体之间的界面张力时,先把样品座升高到铂金环浸入水中5～7mm处,再将另一种液体小心地加在水的表面上,厚度为5～10mm。旋转螺母B,改变玻璃皿的位置,使铂丝环处于两液体界面处,此后便按照表面张力的测定方法进行。当测量水与密度比水大的液体之间的界面张力时,铂金环要求作用力向下,将密度比水大的液体放于皿中约10mm或更深处,在这液体之上加入约5mm深度的水。旋转螺母B使液体上升至环浸入水中,逐渐使环处在液体的界面上,指针L保持与红线重合钢丝的扭力将被增加,铂金环被向下拉。这时将样品底座升高,使得指针L继续与红线重合。当这两种液体之间的薄膜破裂时,刻度盘上的读数便是表面张力。

(3)本仪器还可用来测定表面活性剂的有效值、效率及临界胶束浓度等。

思考与讨论

(1)铂丝环的清洁程度及其形状对实验有何影响?

(2)如何校正仪器的零点?

(3)在测量过程中,为什么要始终保持L指针与红线重合?

(4)测量两液体界面张力量是否需要校正?

(5)将测得的水的表面张力与文献值对比,分析造成误差的主要因素。

实验34　固体比表面积的测定

(一)连续流动色谱法测定固体比表面积

实验目的

(1)了解多孔性固体的表面吸附特性,掌握连续流动色谱法测定固体比表面的基本原理和操作。

(2)学会根据色谱数据处理,计算样品的比表面积。

基本原理

固体物质的比表面积大小和孔径分布情况,是评选催化剂、了解固体表面性质和研究电极性质的重要参数。多孔性固体的许多性质与其比表面积有关,如催化剂表面积的大小直接影响到它的催化特性,进而能改变催化反应的速度。又如

电极表面积的大小也会影响到电极的电化学特性,等等。因此,多孔性固体的比表面积的测定是生产和科研中不可缺少的一项工作。

BET 公式是勃鲁瑙尔、爱默特和太勒(Brunauer、Emmett and Teller,简称 BET)三人,基于物理吸附假设及动力学概念,导出的恒温条件下吸附量与吸附质的相对压力间的关系式

$$V = \frac{V_m C p}{[p_0 - p][1 + (C-1)p/p_0]} \qquad ①$$

式中:V 为相对压力 p/p_0 下的平衡吸附量(mol·g^{-1});V_m 为每克吸附剂表面上形成一个单分子层时的吸附量,即饱和吸附量(mol·g^{-1});p 为在吸附平衡时吸附质的压力(或分压);p_0 为在吸附温度下,吸附质的饱和蒸气压;C 为与温度、吸附热、凝聚热等有关的常数。

V_m 和 C 可由方程式①改写为线性关系式作图求出。即

$$\frac{p}{V(p_0 - p)} = \frac{1}{V_m C} + \frac{C-1}{V_m C} \cdot \frac{p}{p_0}$$

$$\frac{p/p_0}{V(1 - p/p_0)} = \frac{1}{V_m C} + \frac{C-1}{V_m C} \cdot \frac{p}{p_0} \qquad ②$$

令

$$\frac{p/p_0}{V(1 - p/p_0)} \equiv B$$

由 B 对 p/p_0 作图,所得直线的斜率 $a = \dfrac{C-1}{V_m C}$,截距 $b = \dfrac{1}{V_m C}$,从而可得单分子层饱和吸附量 V_m(mol·g^{-1}):

$$V_m = \frac{1}{a+b} \qquad ③$$

进一步就可算出固体的比表面积 A:

$$A = V_m \times N_A \times \sigma \qquad ④$$

式中:A 为比表面积,即每克吸附剂所具有的总表面积(外表面加内表面),m^2·g^{-1};N_A 为阿佛加德常数,6.023×10^{23} 分子·mol^{-1};σ 为每一个吸附分子所占的截面积。

对氮气(N$_2$)来说,273K 时每个分子在吸附剂表面上所占有的截面积 16.2A^2,代入④式:

$$A = V_m \times 6.023 \times 10^{23} \times 10^{-20} = 9.76 \times 10^4 V_m \qquad ⑤$$

综上所述,测定固体比表面积的关键是如何控制 p/p_0,并在不同 p/p_0 下测定相应的吸附量 V。

本实验所用的仪器为 ST-03 比表面积测定仪,氢气为载气,采用氮气作为吸附质,微球硅胶为吸附剂。p/p_0 的控制由改变氮气-氢气混合气的流量而达到。V 值则是通过以下原理测得:

按照图 4-21 所示的仪器装置流程图,当一定比例的氮气-氢气混合气室温下流经液氮冷阱、热导池参考臂、六通阀、样品管、热导池测量臂后放空。由于室温下氮气-氢气分子不被样品吸附,流经热导池参考臂和热导池测量臂的气体成分一样,热导池处于平衡状态,记录仪基线为直线。将液氮杜瓦瓶套在样品管上时(约为-195℃),低温下样品即对混合气中的氮发生物理吸附,而载气则不被吸附。热导池两臂失去平衡,记录仪上出现一吸附峰(图 4-22),待记录仪信号回到基线,表示已达到吸附平衡状态。取下液氮杜瓦瓶后,样品管重新处于室温,吸附的氮又脱附出来,记录仪上便出现与吸附峰方向相反的脱附峰,最后在混合气中注入已知体积的纯氮可得到一个校准峰(标样峰)。根据校准峰和脱附峰的面积,即可计算出这一氮的相对压力下样品的吸附量。采用脱附峰进行计算的原因是因为它的拖尾通常都没有吸附峰严重。改变不同氮气-氢气的比例即可得到一系列不同的 P/P_0 下的吸附量。

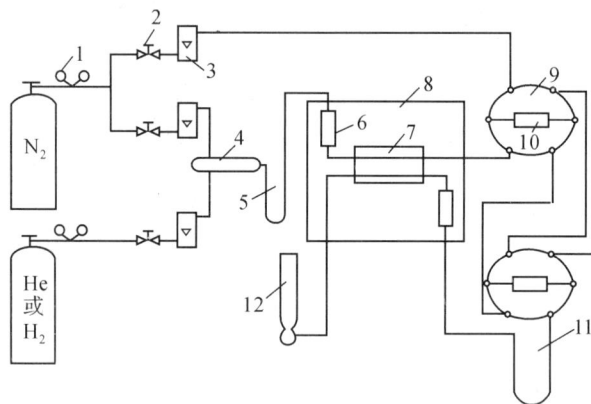

图 4-21 色谱法测定比表面积流程图

1—减压阀;2—稳压阀;3—流量计;4—混合器;5—冷阱
6—恒温管;7—热导池;8—油箱;9—六通阀;10—定体积管;
11—样品吸附管;12—皂膜流量计

仪器与试剂

1. 仪器

ST-03 比表面积测定仪一台,色谱数据处理器一台,样品管两只,电子天平一台,液氮罐一只,杜瓦瓶一只,氧气压力表一只,氢气压力表一只,氧蒸气压温度计,皂沫流量计。

2. 试剂

吸附剂—微球硅胶(80~100 目),液氮,氮气,氢气。

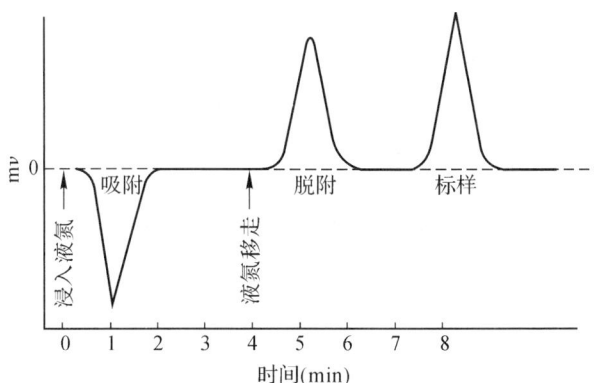

图 4-22 氮的吸附、脱附和标样峰

实验步骤

(1)准确称取干燥的吸附剂 0.04～0.06g,装于样品管中,两端塞以少许玻璃棉,接于样品管的接头上,打开氮气钢瓶总阀,使分压阀压力为 0.3MPa,然后在通气条件下,用加热炉加热至 200℃左右,同时用氮气吹扫 30min 后停止加热,冷却至室温。(注意:一般热处理温度要不使其结构发生变形为宜)

(2)将加有液氮的杜瓦瓶套到氧蒸气温度计的小玻璃球上,读下两边水银柱高度差,即为氧的饱和蒸气压,从附录中读出与此蒸气压相应的温度即为液氮温度,再从附录中查得此温度下的氮的饱和蒸气压 p_0。

(3)打开载气(氢气)钢瓶总阀,使分压阀压力为 0.3MPa,将液氮杜瓦瓶套在冷阱上,利用稳压阀调节气体流量,用皂沫流量计测量载气流量为 30～50mL·min^{-1}。载气流速稳定后不再改变,只需改变氮气流量即可调节相对压力。在平衡气中欲测氮气流速 R_{N_2} 时可将氢气的三通阀拉出使氢气放空。将氢气的三通阀推进去可测得平衡气的总流量 R_t。调节氮气流速使相对压力在 0.05～0.35 范围内,相对压力 $p/p_0 = R_{N_2}/R_t \times p_a/p_0$($p_a$ 为大气压)。在通载气的情况下,热导池桥流调到 150mA,衰减比放在 1/4 或 1/8 处,记录仪走基线。打开色谱数据处理器电源。先使六通阀处于"脱附"位置,1min 后旋至"标定"位置,1min 左右即出现校准峰(标样峰)。重复几次观察校准峰的再现性,误差应小于 2%(注意:定体积管的实际体积需按出厂标定的数值计算)。然后将吸附仪切换阀处于"脱附"档,调好流量稳定后,将液氮杜瓦瓶套在样品管上,记录仪上将出现一个吸附峰。

(4)待吸附达平衡后,记录仪的指针将回到原基线上,取下液氮杜瓦瓶,同时按下色谱数据处理器的"开始(start)"键,记录仪上将出现一个与吸附峰方向相反的脱附峰。

(5)脱附完毕,记录仪的指针又回到基线上,将六通阀转至"标定"位置,记录仪上记下校准峰,这样就完成了一个氮的平衡压力下的吸附量测定。然后按下色谱数据处理器的"结束(stop)"键,计算出脱附峰和校准峰的面积。

(6)改变氮的流速(每次较前次增加或减少约 3mL·min^{-1}),使相对压力保持在 0.05～0.35 范围,重复上述步骤测定,可以得出不同的相对压力之下的一系列色谱峰。

(7)记录实验时的大气压和室温。

实验数据记录与处理

(1)数据记录:

样品质量_____;实验大气压_____;室温_____;P_0_____;液氮温度_____;衰减_____;热导池桥流_____。

(2)由 $p/p_0 = R_{N_2}/R_t \times p_a/p_0$,求出各 p/p_0 列入下表,表中 $V = \dfrac{A_d}{A_s} \times f$ (mL)(f 为定体积管相当的标准态气体体积,A_d 为脱附峰的面积,A_s 为校准峰的面积)。

序号	R_{N_2} (mL·min^{-1})	R_t (mL·min^{-1})	A_d (cm^2)	A_s (cm^2)	p/p_0	$\dfrac{p/p_0}{V(1-p/p_0)}$
1						
2						
3						
4						
5						

(3)以 $\dfrac{p/p_0}{V(1-p/p_0)}$ 对 p/p_0 作图,求出直线斜率和截距,则可按③式求得饱和吸附量 V_m,由④式或⑤式求出比表面积 A。

注意事项

固体物质的比表面包括颗粒外表面和微孔的内表面两部分。测定粒度只能估算出颗粒的外表面,而内表面只能用分子吸附法测定。因此,测定比表面时必须考虑构成比表面的结构特点,被吸附分子能够到达这些表面的程度,多数吸附剂和催化剂的比表面主要是由微孔提供的。另外,在比表面积不是太小(不小于

$200m^2 \cdot g^{-1}$），在截距不太大的情况下，可把截距 b 取为零，在 $p/p_0 \approx 0.3$ 处测一点，由该点与原点联成一条直线，即由 B 对 p/p_0 作图，取截距为零，两点（原点与测定点）联成直线。由③式求出 V_m，或从斜率 a 的倒数直接计算出 V_m，此法称一点法。实验证明一点法与多点法所得的比表面积数值之比，误差不超过 5%，这样在一般对比表面数据准确度要求不高的情况下，一点法就可大大节省测定时间。

思考题

(1)应用 BET 的等温吸附方程式测定固体比表面时，相对压力在多大范围内合适？为什么？

(2)测定中吸附剂的干燥程度对测定结果有什么影响？

(3)用液氮冷阱净化气体时能除去什么杂质？

(4)应根据什么来确定样品的用量？样品过多或过少各有何影响？为什么应选择脱附峰与校准峰的峰高大致相等？

（二）B.E.T 容量法测定固体比表面积

实验目的

(1)熟悉和掌握真空技术、液氮操作和氧蒸气压温度计的使用。

(2)学会一种测定比表面的物理方法。

(3)了解机械真空泵和油扩散泵的使用方法及注意事项。

实验原理

由于粉末和多孔性固体表面有剩余力场，故能吸附气体分子，因而固体表面的气体浓度高于气相中的浓度，这种现象称为吸附。通常把被吸附的物质称为吸附质，发生吸附的物质称为吸附剂，单位吸附剂在吸附平衡时所含有的吸附质的量称为吸附量，吸附量的大小与吸附质的压力有关。

1g 多孔固体所具有的总表面积（包括外表面积和内表面积）称为比表面，以 $m^2 \cdot g^{-1}$ 表示。大量事实证明，在气固多相催化反应机理的研究中，气固多相催化反应是在固体催化剂表面上进行的。某些催化剂的活性与其比表面有一定的对应关系，因此测定固体的比表面，对多相反应机理的研究有着重要的意义。测定多孔固体比表面的方法很多，而 B.E.T 气相吸附法是比较有效、准确的方法。

B.E.T（Brunauer-Emmett-Teller）吸附理论的基本假设是：在物理吸附中，

吸附质与吸附剂之间的作用力是范德华力,而吸附质分子间的作用力也是范德华力,所以当气相中的吸附质分子被吸附在多孔固体表面上之后,它们还可能从气相中吸附其同类分子,因此吸附是多层的,吸附平衡是动态平衡,第二层及其以后各层分子的吸附热等于气体的液化热。根据这个假设,推导得到 BET 方程式如下:

$$\frac{p/p_0}{V(1-p/p_0)} = \frac{1}{V_mC} + \frac{C-1}{V_mC} \cdot \frac{p}{p_0}$$

式中:p 为吸附平衡压力;p_0 为吸附平衡温度下吸附质的饱和蒸气压;V 为平衡吸附量(以标准状况计);V_m 为铺满一单分子层所需的气体量(以标准状况计);C 为与温度、吸附热和液化热有关的数据。

由实验测出不同比压(p/p_0)下的平衡吸附量,然后以(p/p_0)$/V(1-p/p_0)$ 为纵坐标、p/p_0 为横坐标,作图得一直线。由直线的斜率和截距可以求出 V_m。

截距:$a = 1/CV_m$

斜率:$b = (C-1)/CV_m$

$V_m = 1/(a+b)$

求得 V_m(mol·g^{-1}),就可以知道,在 1g 吸附剂的内、外表面上均匀地铺满一层吸附质分子,一共需要多少分子,那么,只要将它乘上每一个分子所占据的面积,就可以求得吸附剂的比表面了。

$$S(\text{m}^2 \cdot \text{g}^{-1}) = V_m \cdot N_A \cdot \sigma$$

式中:N_A 为阿佛伽德罗常数(6.023×10^{23});σ 为 1 个吸附质分子的截面积(A^2);根据爱默和勃鲁尔建议,σ 可按以下公式计算:

$$\sigma = 1.09(M \times \rho N_A)^{23}$$

式中:M 为吸附质的分子量;ρ 为实验温度下吸附质的液体密度(g·mL^{-1})。

一般认为在液氮温度下,用氮气作为吸附质,对于真空容量法测定比表面是较为准确的方法,在 78K 时,氮气子截面 σ 为 16.2 A^2。

B.E.T 公式的适用范围是相对压力 P/P_0 为 0.05~0.35,因而实验时气体的引入量应控制在此范围内。

仪器与试剂

1.仪器

简易 B.E.T 装置,1 套(图 4-23);氧蒸气压温度计(图 4-24);复合真空计一台;小电炉;温度计,调压变器;气体球胆;真气泵一台。

图 4-24 中右侧为 U 形汞柱压力计,a 为贮氧泡,使用时将 b 球泡浸入待测

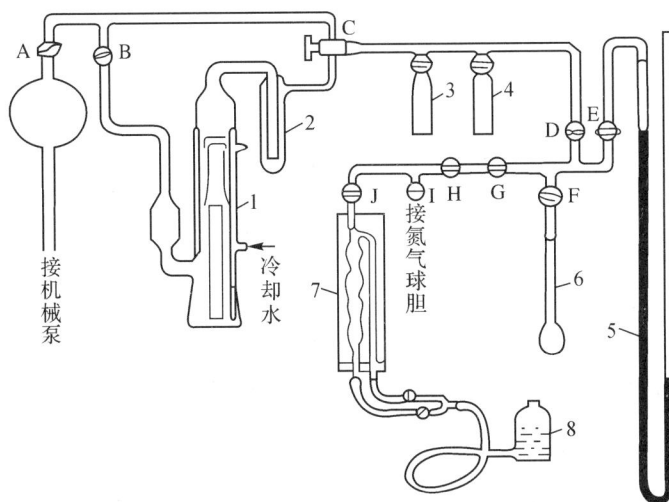

图 4-23 简易 B.E.T 吸附装置示意图
1—油扩散泵；2—冷阱；3—电离真空泵；4—热偶真空规；
5—U 形汞柱压力计；6—吸附管；7—量气管；8—液位瓶

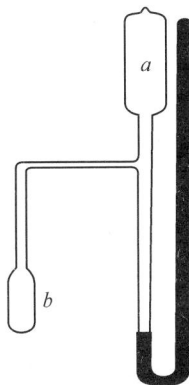

图 4-24 氧蒸气压温度计

液氮中，达平衡后，读出汞高差即为氧的蒸气压力，从附表中读出与此蒸气压相应的温度即为液氮温度。再从附表查出此温度下氮的饱和蒸气压。

2.试剂

氮气、氦气（或氩）、液氮。

实验步骤

1. 真空系统检漏

将空样品管接在活塞 F 下面的磨口塞上。

(1)量气管排气:将活塞 H 闭住,打开活塞 I、J,提高液位瓶量气管中液面恰好上升到活塞 J 处,关闭活塞 J、I。

(2)抽真空将活塞 D、E、F、G、H 打开,按操作规程开动机械泵,慢慢旋转活塞 A,使系统与机械泵连通,直至水银压力计中水银面不再变动,继续抽空 3～5min,关闭 A,观察汞面是否变动,如发现变化则用高频火花检漏器检查漏气所在。如无变化则打开热偶规,测定真空度,经 5min 真空度不变,则可认为不漏气。

2. 装样品

关闭活塞 E、D,从活塞 I 处向系统缓慢放入空气。将样品管从系统下取下,称取 0.2g 干燥的微球硅胶于样品管中,(若用其他样品,应视其比表面的大致范围确定样品量)再装回系统。关闭活塞 I,打开活塞 E、D。

3. 装氮气

缓慢打开活塞 A,用机械泵抽空系统。在活塞 I 处接上氮气球胆,打开活塞 I,打开活塞 H、G,把球胆连接管中的空气抽去,关闭活塞 H,慢慢拧开球胆管上的螺旋夹,放出一部分氮气。再拧紧螺旋夹,再打开活塞 H,把氮气抽去,如此反复 2～3 次。关闭活塞 H,缓慢拧开球胆管上螺旋夹,并打开活塞 J,让氮气慢慢充满量气管,然后关上活塞 I。

4. 样品脱附

待系统真空达到 10^{-2}mmHg 左右,打开活塞 C,旋转活塞 B,使机械泵与油扩散泵相连通,接通油扩散泵的冷却水,用电炉逐渐加热油扩散泵。在样品管外套上加热电炉,一边继续抽空,一边加热样品管,到达 125℃后恒温 1h,温度控制 ±5℃。加热脱附 1h 后,停止加热,取下电炉。让样品管自然冷却至室温。

5. 测吸附量

关闭活塞 C、D。停止加热油扩散泵,待扩散泵冷下来,关闭活塞 C,旋转 B,使机械泵与油扩散泵不通,旋转 A,使机械泵通大气,停机械泵,停油扩散泵和冷却水。用氧蒸气压温度计测定液氮的温度和饱和蒸气压 P_0。在样品管外套上盛有液氮的保温瓶。打开活塞 H、J,待量气管中液面稳定后记下量气管初读数。记下 U 形汞柱压力计读数。关 H,开 G,将活塞 H 和 G 之间贮存的一定体积的氮气放入样品管。再关 G,开 H,如此反复操作,使 U 形汞柱压力计压差改变 5cm 左右。此时活塞 G 关着,H 开着,每隔 5min,读一次压力计读数,直到吸附平衡,压力不再改变,准确记下压力计与量气管读数。重复以上测量 5～6 次。

注意:在测量中应随时向套在样品管外面的保温瓶添加液氮,尽可能使液面高度保持一定。特别注意:活塞 H、G 在实验过程中绝对不允许同时打开,否则实验将完全失败而重做。

6. 测死体积

按照上述装置测样品吸附氮气的吸收量时,必然会有一定量的氮气留存于管道及样品管空间,而不能被吸附介质所吸附。因此,在系统的压力平衡后,真正被样品所吸附的氮气量必定少于从量气管放入吸附系统的氮气量。如将氮气量都换算成标准状态下的体积,那么,它们之间的关系就用下式表示:

$$V_量 = V + V_死$$

或　　　　　　$$V = V_量 - V_死$$

式中:$V_量$ 为从量气管放入吸附系统的氮气量;V 为平衡时样品所吸附的氮气量;$V_死$ 为平衡时管道及样品管空间留存的氮气量。

对于管道及样品管空间留存的氮气量,我们把它叫做死体积 $V_死$,它包括活塞 E 以下、活塞 G 右端、U 形汞柱压力计水银面以上以及样品管这个范围内的空间,$V_死$ 的数值与平衡压力有关。一般认为,用氦气测定死体积是比较准确的方法。

测定死体积可以在测试前进行,也可以在测试后进行,所用气体为氦气,将活塞 H 闭住,打开活塞 I、J,进行量气管排气(同前),然后关闭活塞 J、I,取去装液氮保温瓶用机械泵抽空系统,在活塞 I 处接上氦气球胆,量气管中装氦气(与前装氮气方法相同),装完氦气后关闭活塞 I,待系统真空度达到 10^{-2} mmHg 左右,关闭活塞 C、E、D。旋转活塞 A,使机械泵通大气,停机械泵,按照测定吸附量的方法,在样品管上套上液氮保温瓶(液氮的液面高度仍保持与测试吸附量时同样高度),以氦气代替氮气进行测定,记录量气管读数及相应的压力数据。一般测 5～6 组数据。

实验数据及处理

(1)作"死体积"—压力工作曲线;以 p 为纵坐标、$V_死$ 为横坐标作图。

(2)以 $(p/p_0)/[V_吸(1 - p/p_0)]$ 为纵坐标作图。从所得直线的斜率和截距求 V_m。

(3)求吸附剂的比表面。

①将测量数据列表:

量气管温度：＿＿＿＿＿＿（C）；　　液氮温度：＿＿＿＿＿＿（K）；

大气压：＿＿＿＿＿（mmHg）；　　量气管初始读数（V_0）：＿＿＿＿＿（mL）。

左支汞高(mmHg)					
右支汞高(mmHg)					
汞高差(mmHg)					
$p=$(大气压$-$汞高差)(mmHg)					
量气管读数(mL)					
$\Delta V=$(V_0-量气管读数)(mL)					
死体积(标准态)$V_{死}$(mL)					

（相应压力下的$V_{死}$可以从"死体积"$-$压力工作曲线上查出。）

②测定吸附量：

量气管温度：＿＿＿＿（C）；　　　　液氮温度＿＿＿＿（K）；

液氮饱和蒸气压p_0：＿＿＿＿（mmHg）；　吸附剂质量：＿＿＿＿（g）；

大气压：＿＿＿＿（mmHg）；　　　量气管初始读数V_0：＿＿＿＿（mL）。

左支汞高(mmHg)					
右支汞高(mmHg)					
汞高差(mmHg)					
$p=$(大气压$-$汞高差)(mmHg)					
量气管读数(mL)					
量气管读数(mL)					
$\Delta V=$(V_0-量气管读数)(mL)					
$\Delta V'$(标准态)(mL)					
$V_{吸}=$($\Delta V'\chi-V_{死}$)(mL)					
p/p_0					
$\dfrac{p/p_0}{V_{吸}(1-p/p_0)}$					

思考题

（1）本实验基于什么基本假定？为什么应将比压控制在 0.05～0.35 范围内？

（2）样品为何要进行脱附处理？

（3）什么是"死体积"？为什么要测"死体积"，"死体积"的大小对测量误差有何影响？

实验 35　溶胶界面电泳速度的测定

实验目的

(1)用电泳法测定氢氧化铁溶液的ξ电位。

(2)验证胶体的带电性质。

(3)掌握界面移动法测量电泳技术。

基本原理

电泳现象的实验测量方法可分为宏观和微观两大类。宏观法是观察胶体与不含胶体的辅助导电液的界面在电场中的移动速度;微观法则是直接观察单个胶粒在电场中的电泳速度。对于高分散的或过浓的胶体,因不易观察个别胶粒的运动,只能用宏观法;对于颜色太淡或浓度过稀的胶体,则适宜用微观法。胶体溶液是一个多相体系,分散相胶粒和分散介质带有数量相等而符号相反的电荷,因此在相界面上建立了双电层结构。根据扩散双电层模型,胶粒上的表面紧密层电荷相对来说是固定不动的,而在液相中的相反电荷离子则受到静电吸引和热运动扩散两种力的作用,因而形成了一个扩散层。在外加电场的作用下,胶体中的胶粒和分散介质反向相对移动时,就会产生电位差,称之为ξ电位。ξ电位是紧密层滑动面与扩散层之间的电位差,是表征胶粒特性的重要物理量之一,在进行胶体性质研究和实际应用中有着重要的作用。ξ电位也和胶体的稳定性有着密切的关系,因为ξ电位也就是胶粒所带电荷的电动电位,是胶粒稳定的主要因素。ξ电位可通过电泳或电渗实验测定,电泳是分散相胶粒对分散介质发生相对移动,而电渗则是分散介质对静态的分散相胶粒发生相对移动,两者都是荷电粒子在电场作用下的定向运动,所区别的电渗是研究液体介质的运动,而电泳则是研究固体粒子的运动。

任何溶胶颗粒都带有一定电荷。电荷的来源有三种:①胶体颗粒本身的电离;②胶粒在分散介质中选择性地吸附一定量的离子;③在非极性介质中胶粒与分散介质之间摩擦生电。这些条件都能使胶粒表面带有一定量的电荷。

在胶粒周围的分散介质中,还同时存在电量相等符号相反的离子,而这些离子从胶粒固体表面以波兹曼(Boltzmann)能量分布形式向溶液内部扩散。在固体表面的溶剂化层和液体介质之间有一移动面,因固体粒子移动时是带着溶剂化层以及部分反离子一起移动的。所以,当胶粒移动时,胶粒与分散介质之间会产生电位差,此电位差称为电动电位,又称ξ电位。

在外加电场的作用下,带电荷的胶粒与分散介质间会发生相对运动,这种现象称为电泳。胶粒的运动方向,取决于胶粒所带电荷的正负,而胶粒的移动速度,由 ξ 电位的大小所决定。所以,通过电泳实验可以测定 ξ 电位的大小,还可以确定溶胶的电荷。

测定 ξ 电位的方法有电泳、电渗、流动电位及沉降电位等等,实际应用中以电泳法最为方便、广泛。电泳的实验方法也因仪器装置的不同而有多种操作形式,本实验采用的是界面移动法。凡是高度分散的和颜色鲜明的溶胶,都可以用界面移动法来测定其 ξ 电位。

界面移动法的仪器装置如图 4-25 和 4-26 所示,在 U 形管的底部注入有色溶胶,其上为溶胶介电常数或电导相近的介质(一般为极稀的盐酸溶液)。在外电场的作用下,带电的溶胶颗粒将以一定速度向与其电荷相反的电极移动,ξ 电位可根据赫姆霍兹(Helmholtz)公式计算:

$$\xi = \frac{4\pi\eta}{\varepsilon E}u \times 300^2 \text{ (V)}$$

式中:E 为电位梯度($E = \frac{v}{l}$)。ε 为介质的介电常数,若介质为水,$\varepsilon = 81$。η 为水的黏度(kg $\cdot$ m^{-1} $\cdot$ s^{-1}),在 25 ℃时,$\eta_{水} = 0.00804$;在 20 ℃时,$\eta_{水} = 0.01005$。v 为外加电场的电压(V)。l 是两电极间的距离(cm)。u 为电泳速度(cm $\cdot$ s^{-1})。从实验测得的电泳速度 u 代入即得 ξ 电位。

电泳仪是本实验的主要仪器,今介绍两种构造的电泳仪,如图 4-25 和 4-26 所示。前者构造复杂些,但容易得到清晰的电泳界面,便于观察;后者构造简单,制作方便。

如图 4-25 所示的电泳仪由 U 形管构成,上端用一支带有活塞 4 的横管相连,再上端各有一支弯管 6,用来插入电极。U 形管中的内部有活塞 2 和 3,其孔径与 U 形管同。U 形管上刻有精确刻度。如图 4-26 所示的电泳仪构造比较简单,刻度 U 形管的下端接一带有活塞和漏斗的支管,U 形管的两旁管内配有一对固定位置的铂电极。

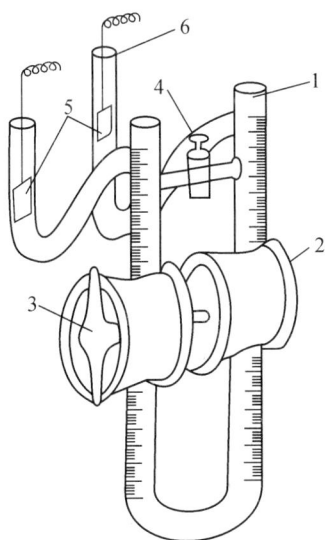

图 4-25　电泳仪
1—U 形管;2、3、4—活塞;5—Pt 电极;6—弯管

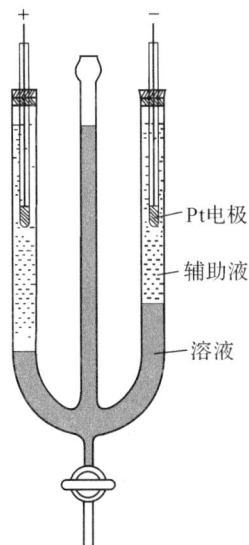

图 4-26　电泳仪

仪器与试剂

1.仪器

电泳仪;酒精灯 1 只;电导仪;锥形瓶(250mL)2 只;直流稳压电源(50～100V);停表(或定时钟);量筒(100mL)1 个;烧杯(250mL)1 只;烧杯(1000mL)1 只。

2.试剂

KNO_3(约 $1 \times 10^{-4} mol \cdot L^{-1}$);$FeCl_3$(20%);$AgNO_3$ 溶液;KCNS 溶液;胶棉液。

实验步骤

(1)氢氧化铁溶胶的制备:

在 250mL 烧杯内加 100mL 水,加热至沸。用滴管将 2mL20% 的 $FeCl_3$ 溶液一滴滴地加到水中,可看到红棕色溶胶生成。冷却后待用。

(2)氢氧化铁溶胶的净化:

①半透膜的制备:取 250mL 的锥形瓶,内壁充分洗净后烘干,在瓶中倒入约 20mL 的胶棉液,小心转动锥形瓶,使胶棉液均匀地在瓶内形成一薄层。倾出多余的胶棉液,倒置瓶子于铁圈上,并让乙醚挥发完,用手轻轻接触胶棉液膜,以不

粘手即可,然后用水逐滴注进胶膜与瓶壁之间使膜与瓶壁分离,并在瓶内加水到满。注意加水不宜太早,若乙醚尚未挥发完,加水后膜呈白色而不适用;但加水亦不可太迟,否则膜变干硬不易取出。浸膜于水中约 10min,膜上剩余的乙醚即被溶出。轻轻取出所成之袋,检验袋上有否漏洞。若有漏洞,可拭干有洞部分,用玻璃棒蘸上少许胶棉液轻轻接触漏洞即可补好。

②溶胶的纯化:把制得的 $Fe(OH)_3$ 溶胶置于半透膜袋内,用线扎住袋口,置于 1000mL 烧杯内用蒸馏水渗析,为加快渗析速度,可微微加热。30min 换一次蒸馏水,并不断用 $AgNO_3$ 溶液及 KCNS 溶液分别检验渗析用水中的 Cl^- 及 Fe^{3+},渗析应进行到不能检出 Cl^- 和 Fe^{3+} 为止。

(3)配制辅助液:

将渗析提纯好的 $Fe(OH)_3$ 溶胶用电导仪测定其电导。另取 500mL 蒸馏水,逐滴加入 $0.1\ mol\cdot L^{-1}$ KNO_3 溶液并不断搅拌,至此液的电导正好等于 $Fe(OH)_3$ 溶胶的电导为止。

(4)用铬酸洗液洗净电泳仪,用自来水冲洗多次,再用蒸馏水冲洗三次后取出活塞放在烘箱内烘干。在洗净干燥的电泳仪各个活塞上都涂上一层凡士林。凡士林要离活塞孔远些,以免污染溶胶。

(5)用辅助液冲洗电泳仪(图 4-25):把两个大活塞打开,在活塞下部的 U 形管中充满溶胶,应注意管内不留有任何的气泡。溶胶装好后关好活塞,并在活塞上部及支管上再用辅助液冲洗并充满之。在弯管 6 处插入铜电极,弯管小孔上可滴入几滴稀硫酸铜溶液。电极的位置应固定。打开电泳仪横梁上的小活塞,使两边液面达到同一水平,然后关上小活塞。接好线路,轻轻打开两只大活塞,维持界面清晰,记下两臂界面的位置。通电,开始实验,电压 50~100V,注意保持电压稳定,通电,同时打开停表,记下 30min 后两臂中界面移动的位置,算出电泳速度 u。按上述步骤再进行实验,如此重复操作数次。最后,用细铜丝精确量出两极在 U 形管内导电的距离。此数值须测量多次。实验结束,洗净电泳仪,并充满蒸馏水浸泡。将实验结果填入下表:

电泳时间(s)	电泳液面移动距离(cm)	电泳速度(cm·s^{-1})

如用如图 4-26 所示的电泳仪,按步骤 4,将仪器洗净烘干,活塞上涂好凡士林后,用辅助液冲洗电泳仪。将电泳仪固定后,关上活塞,在漏斗中装满溶胶,应避免带进气泡。将辅助液缓缓倒入 U 形管内,到 5cm 左右高度的位置为止。轻

轻打开装溶胶漏斗的活塞,使溶胶缓缓流入 U 形管中,在此过程中应保证溶胶
与辅助液之间有清晰界面。要做到这一点,在过程中应避免任何机械振动和其他
外界干扰,并往漏斗中不断补充溶液和防止带入气泡。待液面上升到合适高度,
关闭活塞,在两极上通以稳压直流电。记下界面位置和时间,30min 后再记下移
动的界面位置,算出电泳速度。切断电源,停止 1min,再接通电源使电流方向相
反,接前述实验步骤重复操作几次。量出几个铂电极在 U 形管内导电的距离,可
得电位梯度 E,即可算得电泳速度 u 及 ξ 电位。实验结束,在 U 形管内充满蒸
馏水。

实验结果及处理

(1)由多次实验结果计算电泳速度。
(2)记录室温,计算胶粒的 ξ 电位。

思考题

(1)电泳中辅助液的选择依据是什么?
(2)电泳仪中不能有气泡,为什么?
(3)若电泳仪事先没有洗净,内壁上残留有微量的电解质,对电泳测量的结
果将会产生什么影响?
(4)电泳速度的快慢与哪些因素有关?

第五章　综合性和研究性实验

实验 36　用电化学方法合成有机化合物

实验目的

(1)掌握有机合成中的电化学方法。

(2)了解用电解氧化法制备有机化合物的特点及应用。

(3)熟练掌握不同形态的有机物的分离提纯方法及其鉴定的方法。

实验原理

化学反应的本质是反应物外层电子的运动,从这一意义上说,似乎所有的反应都有可能通过电化学方法来进行。人们在长期的实践中确实已经在电解池内完成了加成、取代、裂解、消除、环合、耦合以及氧化和还原等各种反应,极性反应和自由基反应的概念在电化学中也是适用的,而某些有机反应之所以不能用电化学方法完成,只是因为它们要求的电极电势超越了介质电化学势的范围,因而在实验上无法实现罢了。

有机化学中的电化学合成方法很早就被人们所发现,Kolbe 合成法(1849年)是其中的一个很有名的反应,但是,直到目前为止,不论在工业生产上还是实验室中,电化学有机合成应用得并不多,具体应用的例子有:电解还原丙烯腈制备己二腈以及制备某些含氟有机化合物等。

在阳极氧化法制备有机合成中,就有两种不同的机理:一种是作用物在电极上直接失去电子,转变为产物;另一种,则相当于在电极上,先生成某些活泼的中间体,再与有机物质进行反应得到产物。

正十二烷的电解法制备是 Kolbe 电解反应合成烷烃的一个典型的实例。它是因羧酸盐负离子在电解池的阳极作用下发生电子转移反应而放出一个电子,同时发生解离而放出二氧化碳和烷基自由基,当生成的两个烷基自由基发生耦联时就得到了反应物长链烷烃。即

$$2RCOO^- \xrightarrow[\text{氧化}]{\text{电解}} 2CO_2 + 2R\cdot \longrightarrow R-R$$

经过了大量的研究以后,目前比较广泛接受的反应机理是,首先是羧酸盐负离子吸附在阳极表面上,烷基和 COO⁻ 之间的键强变弱,键长变长,在发生电子转移放出一个电子的同时,COO⁻ 的键角发生变形。

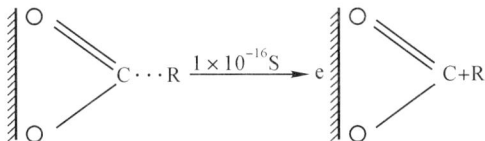

$$\text{C···R} \xrightarrow{1\times10^{-16}\text{S}} e \quad \text{C+R}$$

当这种变形分子发生电子转移以后,得到了 CO_2 分子和烷基自由基。

在适当的条件下,这个反应进行得相当迅速,反应一开始,立即放出大量的二氧化碳气体,脱羧后的烷基自由基在阳极表面附近形成一个浓度较高的自由基层,造成了自由偶联的良好环境。两个自由基偶联即得到反应产物——烷烃。

Kolbe 电解反应适用于直链的饱和脂肪酸或饱和脂肪二元酸单脂等化合物,如果用一种酸进行电解反应,产物比较单纯,如对称分子,效率也高;如果用两种不同的酸进行电解反应时,就会形成某种酸脱羧后自身偶联的产物及某两种不同酸脱羧后交叉偶联的产物,因此至少可以有三种产物生成,这样就降低了我们需要的产物的产率。

Kolbe 电解氧化反应的影响因素较多,主要有电极材料、羧酸盐的浓度、电流密度、反应温度、电解液的 pH 值及导电介质等。

本实验是用正庚酸-庚酸钠在甲醇中的体系进行 Kolbe 电解偶联反应,得到产物是正十二烷。

$$2n\text{C}_6\text{H}_{13}\text{COONa} \xrightarrow[\text{CH}_3\text{OH}]{\text{电解}} n\text{C}_{12}\text{H}_{26} + \text{CO}_2$$

仪器与试剂

1.仪器

直流稳压电源($0\sim100$ V,$0\sim5$ A),铂片($3\text{cm}\times2\text{cm}$)一对,滑线电阻,磁力搅拌器,减压蒸馏装置,折光仪等。

2.试剂

正庚酸(C.P.)(11.0mL),甲醇(C.P.)(50mL),金属钠(0.35g),乙醚(A.R.)(60mL),醋酸(A.R.)(适量),碳酸钠(10%,适量),无水氯化钙(干燥用,适量)。

实验步骤

(1)用烧杯做电解槽,电极均为铂片($3\text{cm}\times2\text{cm}$)。两个铂片间的距离约为

3mm,事先加以固定,防止在搅拌时电极变形或短路、以电磁搅拌器搅拌,电解槽置于冰水浴中,如图 5-1 所示。

　　将可变直流电源通过 1 个换相开关接至电极。

　　向电解槽中加入 50mL 甲醇,在搅拌下加入 0.35g 金属钠,待溶解后,将 11.0mL(10g)正庚酸加入到电解槽中,搅拌均匀后,测一下电解液的 pH 值,然后装好铂电极,接好通电线路,调节冰水浴温度在 10℃左右,接通电源并调节电压及滑线电阻,电解电流控制在 1.5A 左右,(在电压尽量低的情况下,30V 左右达到 1.5A)开始电解反应。同时每隔 10min 改变电流方向 1 次,在电解反应中,经常注意冰水浴温度,并及时用冰块调节。当电流明显地减小时(趋近于零),可测一下 pH 值。若 pH 值接近 8 时,说明反应已达终点,即可切断电源,停止电解的进行。然后用几滴醋酸中和电解槽内的电解液,使之呈中性。接着蒸除大部分溶剂(甲醇)后将剩余物倒入 50mL 水中,用乙醚(2×30mL)萃取两次,(注意:你究竟要哪一层? 应该如何操作?)再用 5% 的 Na_2CO_3 液洗两次。然后,再用去离子水洗两次,洗涤后的乙醚液用无水氯化钙干燥后蒸去乙醚,再减压蒸出产品,称量并计算产品的产率。

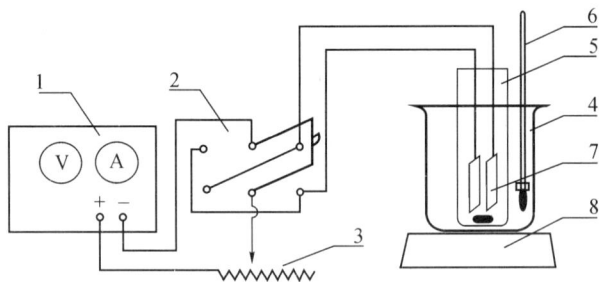

图 5-1　电解氧化装置

1—直流稳压电源(0~100V,0~5A);2—换相开关;3—滑线电阻;
4—冰水浴;5—高脚烧杯(电解槽);6—温度计;7—铂电极;8—电磁搅拌器

(2)产品纯度的测定:

①测折射率($n_D^{20} = 1.4210$)。

②测产品的红外光谱谱图并与标准谱图对照,说明产品的纯度。

③用薄层色谱法定性鉴定产品纯度。

选择性实验——电解法制碘仿

　　在碘化钾水溶液中,碘离子在阳极被氧化而成碘,生成的碘在碱性介质中变成次碘酸根离子,再与溶液中的丙酮或乙醇作用成碘仿,即

$$2I^- - 2e^- \rightarrow I_2$$

$$I_2+2OH^-\rightarrow IO^-+H_2O+I^-$$
$$CH_3COCH_3+3IO^-\rightarrow CHI_3+CH_3COO^-+2OH^-$$
或　　　　$$CH_3CH_2OH+5IO^-\rightarrow CHI_3+H_2O+2I^-+HCO_3^-+2OH^-$$

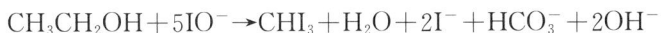

从上面的反应式可以看出：用丙酮为原料时，每生成 1mol CHI_3 需要 6mol 电子参加反应；用乙醇为原料时，则需要 10mol 电子。也就是说，需要在电解池中通过 $6\times96480C$ 或 $10\times96480C$ 的电量。

在这个制备实验中，往往还有副反应发生，如：

$$3IO^-\rightarrow IO_3^-+2I^-$$

每生成 1mol IO_3^- 就消耗了 6mol 电子，因此，在制备碘仿时，实际通过的电量要大于前面计算的数值，我们把按反应式需要的电量与实际通过的电量的比值称为电流效率。

采用适当的电极材料和反应条件（电解电位，电位密度，电解液的成分、浓度和温度等）以及合理的电解池结构，可以提高电流率和降低电解池的压降，从而降低电能消耗和改进产品的质量。

仪器与试剂

1.仪器

直流电源($0\sim12V$,$0\sim2A$)，铂电极（3cm×2cm 铂片两片，片间距离约为 3mm）1 支，滑线变阻器 1 个，烧杯（做电解池用）1 个，布氏漏斗、短颈漏斗各 1 个，电磁搅拌器，双孔水浴锅（可合用），热过滤漏斗 1 个，熔点仪。

2.试剂

碘化钾（A.R.），丙酮（A.R.），乙醇（95%）。

实验步骤

实验装置：同前。

1.电解

向电解槽中加入 100mL 水，在搅拌下加入 6g 碘化钾，待固体溶解后，再加入 1mL 丙酮，混合均匀测 pH 值并记录之。装好电极，接通电源，将电流调到 1A 开始电解，记下电解开始的时间，1min 后再测 pH 值并做记录，继续电解 30min，即可切断电源，停止电解。

2.电解液的后处理

电解结束后，对电解液作后处理，这一操作与通常的有机合成实验相比并没有多大的差别。但是，在电解反应中通常使用基质数为 10 倍以上量的支持电解质，因此，支持电解质的除去、分离是必要的。在这点上要特别注意的是，必须对支持电解质进行合理、高效的回收及再使用。本实验是要回收没有电解完的碘化钾和丙酮溶液,所以要将电解液用布氏漏斗抽滤,用漏斗下面的滤液冲洗黏附在电极和电解槽中的碘仿(为什么?)。然后先回收滤液,接着用去离子水淋洗布氏漏斗中的碘仿固体,在室温中干燥后称量,利用所得的产品量来计算电流效率。

3.产品的提纯

用结晶法提纯固体碘仿。

4.产品纯度的检定

(1)熔点的测定:碘仿为亮黄色结晶,熔点为119℃,能升华。在有条件的地方还可用差热分析法测定熔点(必须在惰性气氛中)。

(2)测定碘仿的红外谱图,与标准图谱进行比较,从而分析产品纯度。

思考题

(1)用电解法制备有机化合物时,电极材料至关重要,如何选择电极材料?

(2)讨论温度、搅拌、电流密度等因素对电解合成的影响。

(3)比较用电解法制备有机化合物与用化学法合成有机化合物各有什么特点。

(4)以方程式表示每个电极上发生的反应和生成碘仿的反应,说明此反应是阳极过程还是阴极过程。

(5)计算碘化钾或丙酮转化为碘仿的百分数,写出反应方程式和计算式。

(6)为什么在电解前就要把氢氧化钾加入到电解液中去?试作出解释。

参考文献

[1] 麦肯齐·C·A.实验有机化学.大连工学院和浙江大学有机化学教研组译.北京:人民教育出版社,1980

[2] 周科衍等编.有机化学实验.北京:高等教育出版社,1992

[3] 王葆仁.有机合成反应(上册).北京:科学出版社,1981

[4] 陈国亮等译.应用电化学.上海:复旦大学出版社,1992

[5] 陈松茂编.有机电化学及其工业应用.上海:上海科技文献出版社,1992

[6] 陈松茂编.有机化工产品电解合成.上海:上海科技文献出版社.1994

[7] Ramaswamy R, et al. J Electrochem Soc. 1963,(110):294~297

实验 37　用脉冲气相色谱法对 Diels-Alder 加成反应进行动力学研究

实验目的

(1)了解用气相色谱法研究液相化学反应动力学的原理、方法和实验条件。
(2)测定双烯加成反应速度常数及活化能。

实验原理

1,3-双烯与另一含有不饱和键的化合物(亲双烯物)之间反应生成六元环的化合物：

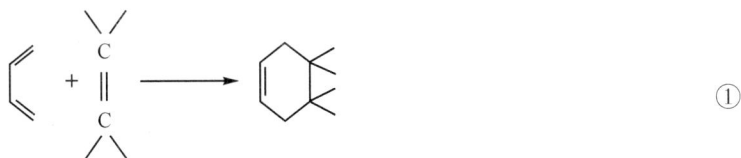

这是一种被广泛研究的合成方法,称之为 Diels-Alder 反应。一般认为,反应对双烯物及亲双烯物的浓度都为一级反应,而总的反应为二级反应。动力学方程为：

$$-\frac{\mathrm{d}c_A}{\mathrm{d}t} = k_2 c_A c_B \qquad ②$$

式中：c_A 为双烯物的浓度,c_B 为亲双烯物的浓度。若 $c_B \gg c_A$,即反应过程中 B 物质的浓度可视为不变,则可将 c_B 作为常数与 k_2 合并,得：

$$-\frac{\mathrm{d}c_A}{\mathrm{d}t} = k_1 c_A \qquad ③$$

$$k_1 = k_2 c_B \qquad ④$$

这就成为一级反应或称"假"一级反应。积分③式得：

$$\ln \frac{c_A^0}{c_A} = k_1 t \qquad ⑤$$

式中：c_A^0 和 c_A 分别为当反应时间为 $t=0$ 及 $t=t$ 时反应物 A 的浓度。

从⑤式可见,测定 k_1 值,需测量 c_A^0、c_A 和 t。为分析 c_A^0 与 c_A 的比值,在气相色谱中可采用并联双柱法。

1.反应柱

以亲双烯物溶于不挥发的溶剂为固定液,则双烯物被注入反应柱后,由于发生加成反应,加成产物留在柱内,未反应的双烯物则从柱中通过并被检出。改变柱后流速,可以改变双烯物与亲双烯物的反应时间。

2.参考柱

以不含亲双烯物的同一不挥发溶剂为固定液,分析双烯物的原始浓度。双烯物因不与该固定液发生化学反应而全部通过参考柱而被检出。

为了减少测量的误差,把双烯物与另一参考溶质混合,配成混合物,此参考溶质应不与亲双烯物起加成反应,而又能在参考柱和反应柱中与双烯物分开。将此组成固定的混合样品先后注入参考柱和反应柱,求出该混合物分别在参考柱中和反应柱中的峰面积比。代入⑤式,得:

$$k_1 t = \ln \frac{c_A^0}{c_A} = \ln \frac{(A_A^0/A_f)_f}{(A_A/A_f)_r} \qquad ⑥$$

式中:$(A_A^0/A_f)_f$ 和 $(A_A/A_f)_r$ 分别为在参考柱和反应柱中双烯物与参考溶质的峰面积比。考虑到峰面积的测量需用积分仪,在教学上不宜推广;若用峰面积=峰高×半峰宽的方法,峰宽的测量误差较大。现提出一简化方法:

在反应柱与参考柱的操作条件接近(固定液用量、填充情况尽可能接近)的情况下,混合样品在反应柱与参考柱中半峰宽的比值近似相等,⑥式可简化为:

$$k_1 t = \ln \frac{(A_A^0/A_f)_f}{(A_A/A_f)_r} \approx \ln \frac{(h_A^0/h_f)_f}{(h_A/h_f)_r} \qquad ⑦$$

式中:$(h_A^0/h_f)_f$ 和 $(h_A/h_f)_r$ 分别为在参考柱和反应柱中,双烯物与参考溶质的峰高比。

以 $\ln[(h_A^0/h_f)_f/(h_A/h_f)_r]$ 对 t 作图,应为通过坐标原点的一条直线,直线的斜率为 k_1,若已知亲双烯物的浓度 c_B,则由④式可以算出 k_2。

实验步骤

(1)将顺丁烯二酸酐(使用前重结晶一次)溶于顺丁烯二酸二丁酯不挥发性溶剂中,均匀涂浸在101硅烷化白色担体上,装入内径为4mm、长为1.2m的不锈钢管柱,作为反应柱。同时涂装不含顺丁烯二酸酐的溶剂柱,作为参考柱。反应柱与参考柱的固定液的量、柱长及填充情况应尽量接近。

(2)对色谱仪的柱温进行调节并控制在所需的温度范围,调节反应柱和参考柱的流速。分别于反应柱和参考柱中注入预先配制好的异戊二烯和异戊烷的混合样品,两柱的进样量也力求接近。记录反应柱从空气峰至异戊二烯最高峰的保留时间(反应时间 t)。分别测量反应柱和参考柱流出峰的峰高比。

(3)改变反应柱和参考柱的流速(大约 $20\sim120\text{mL} \cdot \text{min}^{-1}$,流速过高异戊二烯与异戊烷的色谱峰会发生重叠),同步骤2所述,分别测量反应时间和峰高比。

(4)改变温度,用步骤 2、3 所述方法测定不同柱温下的反应时间和峰高比。

(5)测定实验温度下顺丁烯二酸酐在顺丁烯二酸二丁酯中溶液的密度,以计算顺丁烯二酸酐在顺丁烯二酸二丁酯中的浓度 c_B。

(6)按⑦式分别用作图法和最小二乘法求出 k_1,并用④式计算 k_2。

(7)按 $\mathrm{d}\ln k/\mathrm{d}T = E/(RT)$ 作图,从 $\ln k \sim 1/T$ 的直线斜率计算活化能。

实验说明

(1)用脉冲色谱法研究液相化学反应动力学具有简便、样品用量少、溶质无需严格纯化、把化学反应与样品分析联合成一简单过程等优点,与多相催化反应动力学比较,数据处理容易。

(2)用脉冲色谱法研究液相反应动力学,既可掌握气相色谱法的有关原理和操作方法,同时也可学到色谱法在物理化学研究中的应用,特别是研究液相化学反应动力学的有关知识和思想方法。

(3)采用并联双柱法和引入参考溶质,可以解决由于每次进样不能完全保证重复而引入实验误差的困难。反应柱和参考柱在操作条件基本接近的情况下,用峰高比代替峰面积比是简便可取的。

(4)顺丁烯二酸酐易于升华,为防止在色谱柱中流失,本实验不宜在高温下进行。

思考题

(1)在实验过程中如何保证亲双烯物的浓度 $c_B \gg$ 双烯物的浓度 c_A?

(2)为什么说引入参考溶质可以解决由于每次进样不能完全保证重复而造成实验误差的困难?

参考文献

[1] Ingold C K. Structure and Mechanism in Organic Chemistry (2nd ed). G. Bell and Sons Ltd. 1969. 1093

[2] Conder J R, Young C L. Physicochemicnl Measurement by Gas Chromatography. John Wiley & Sons Ltd, 1979

实验 38　$\gamma\text{-}Al_2O_3$ 的制备、表征及脱水活性评价

实验目的

(1)了解 $\gamma\text{-}Al_2O_3$ 的制备方法。

(2)了解 $NH_3\text{-}TPD$ 和 $CO_2\text{-}TPD$ 方法测定固体表面酸、碱性的原理及方法。

(3)了解固体催化剂的活性评价方法。

实验原理

Al_2O_3 是工业上常用的化学试剂,由于制备条件不同,具有不同的结构和性质。到目前为止,Al_2O_3 按其晶型可分为 8 种,即:$\alpha\text{-}Al_2O_3$、$\beta\text{-}Al_2O_3$、$\theta\text{-}Al_2O_3$、$\gamma\text{-}Al_2O_3$、$\delta\text{-}Al_2O_3$、$\eta\text{-}Al_2O_3$、$\kappa\text{-}Al_2O_3$ 和 $\rho\text{-}Al_2O_3$ 型。Al_2O_3 可用作吸附剂、催化剂和催化剂载体。其中 $\gamma\text{-}Al_2O_3$ 用途最广,因为它表面积大,在大多数催化反应的温度范围内稳定性好。$\gamma\text{-}Al_2O_3$ 被用作载体时,除可以起到分散和稳定活性组分的作用外,还可提供酸、碱活性中心,与催化活组分起到协同作用。

$\gamma\text{-}Al_2O_3$ 由 $\alpha\text{-}Al_2O_3$、$\beta\text{-}Al_2O_3 \cdot 3H_2O$ 在一定条件下制得的勃母石 $(Al_2O_3 \cdot H_2O)$ 在 $500 \sim 850\,^\circ\!C$ 焙烧而成。进一步提高焙烧温度,$\gamma\text{-}Al_2O_3$ 则相继转化为 $\delta\text{-}Al_2O_3$、$\theta\text{-}Al_2O_3$ 和 $\alpha\text{-}Al_2O_3$。

Al_2O_3 水合物在焙烧脱水过程中通过以下反应形成路易斯酸中心(可以接受电子对的物种)和路易斯碱中心(可以提供电子对的物种):

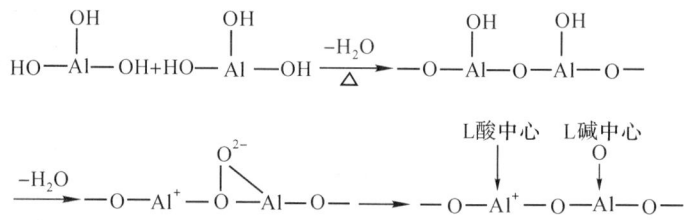

而上述 L 酸中心很容易吸收水转变成 B 酸中心:

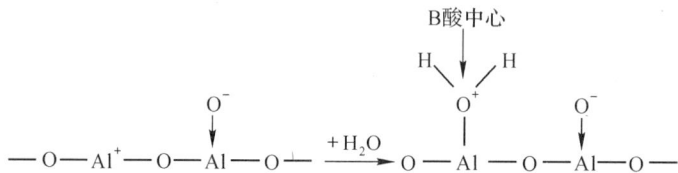

凡能给出质子(氢离子)的物种称为 B 酸;凡能接受质子的物种称为 B 碱。

在用 Al_2O_3 做催化剂时,其表面酸碱性除和制备条件有关外,还与煅烧过程中 Al_2O_3 脱水程度以及 Al_2O_3 晶型有关。经 800 ℃ 焙烧过的 Al_2O_3 得到的红外吸收谱图中,有 $3800cm^{-1}$、$3780cm^{-1}$、$3744cm^{-1}$、$3733cm^{-1}$ 和 $3700cm^{-1}$ 等 5 个吸收峰。这 5 个吸收峰对应于图 5-2 中 5 种不同的—OH 基(分别以 A、B、C、D、E 表示)。由于这些—OH 基周围配位的酸或碱中心数不同,使每种—OH 基的性质也不同,故出现 5 种不同的—OH 基吸收峰。

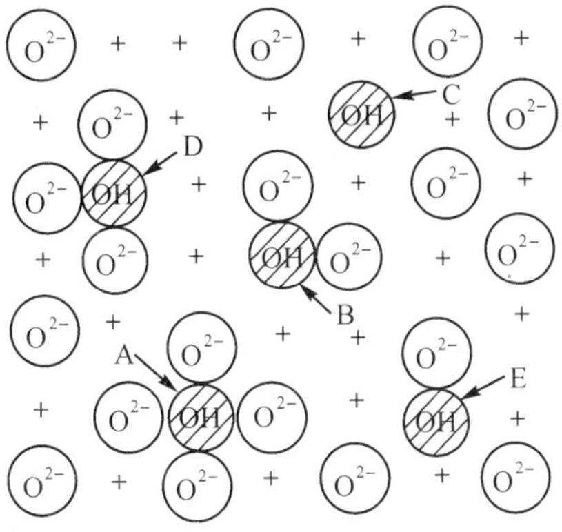

图 5-2　Al_2O_3 表面羟基
＋表示 L 酸中心　O^{2-} 表示 L 碱中心

醇在 Al_2O_3 的酸、碱位的协同作用下,可以发生脱水反应而生成相应的醚。例如,甲醇脱水生成二甲醚的反应机理如下:

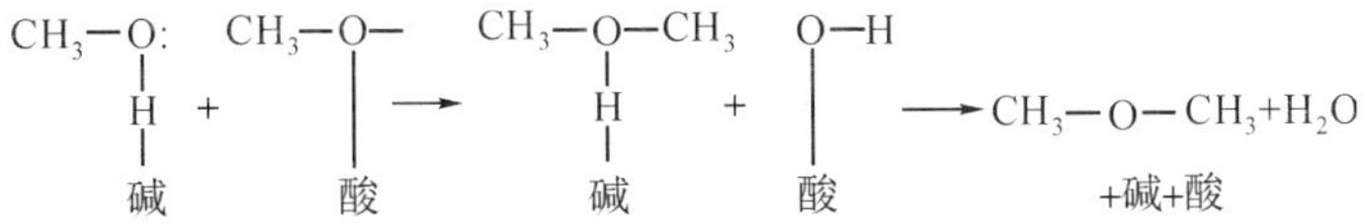

二甲醚本身可用作喷雾剂、冷冻剂和燃料,同时又是由合成气生产汽油和乙烯等的中间体。因此,研究甲醇脱水制备二甲醚的反应有重要意义。

催化反应的活性评价是研究催化过程的重要组成部分,无论在生产还是在科学研究中,它都是提供初始数据的必要方法。

评价一种催化剂的优劣通常要考查 3 个指标,即活性、选择性及使用寿命。活性一般由反应物料的转化率来衡量,选择性是指目标产物占所有产物的比例,寿命是指催化剂能维持一定的转化率和选择性所使用的时间。一种好的催化剂必须同时满足上述 3 个条件。其中,活性是基本前提,只有在达到一定的转化率时才能追求其他高指标。选择性可直接影响到后续分离过程及经济效益。致于催化剂的使用寿命,人们当然希望它越长越好,但因在反应过程中,催化剂会出现不同程度的物理及化学变化,如中毒、结晶颗粒长大、结炭、流失、机械强度降低等,使催化剂部分或全部失去活性。在工业生产上,一般催化剂使用寿命为半年、一年、甚至两年,对某些贵金属催化剂还要考虑回收及再生等问题。

开发一种新型催化剂需要做很多工作,如催化剂的制备方法、组成和结构等对其活性及选择性均有影响,而且同一种催化剂在不同的反应条件下得到的结果也是不一样的。所以,催化剂的评价是复杂而细致的工作。一般起步于实验室的微型反应装置,在不同反应条件下考查单程转化率及选择性,对实验结果较好的催化剂再进行连续运行考查寿命,根据需要进行逐级放大。在放大过程中,还必须考虑传质、传热过程,为设计工业生产反应器提供工艺及工程数据。当然,开发新催化剂不仅仅局限于评价工作,还应同时研究它的反应动力学和机理、失活原因等,为催化剂的制备提供信息。总之,开发一种性能良好的催化剂需要一段漫长的过程。

催化剂的实验评价装置多种多样,但大致包括进料、反应、产品接收和分析等几部分。对于一些单程转化率不高的反应,物料需要进行循环。装置中要用到各种阀门、流量计以及控制液体流量的计量泵。控制温度常用精密温度控制仪及程序升温仪等。产物的接收常用各种冷浴,如冰、冰盐、干冰-丙酮、液氮及电子冷阱等。反应器及管路材料视反应压力、温度、介质而定。管路通常还需加热保温。综上因素,一个简单的化学反应有时装置也较复杂。目前,比较先进的实验室已广泛使用计算机控制,从而为研究人员提供了方便。

产品的分析是十分关键的环节。若不能给出准确的分析结果,其他工作都是徒劳的。目前在催化研究中,最普遍使用的是气相或液相色谱。所使用的色谱检测器,视产物的组成而定。热导检测器多用于常规气体及产物组成不太复杂且各组分浓度较高的样品分析。氢火焰检测器灵敏度高,适用于微量组分分析,主要用于分析碳氢化合物。对于组分复杂的产物通常用细管柱分离。

既然甲醇脱水反应制备二甲醚的反应是在 $\gamma\text{-}Al_2O_3$ 表面酸、碱位的协同作用下进行的,那么,$\gamma\text{-}Al_2O_3$ 表面酸、碱的强度和酸、碱位的数量必然和反应性能有密切关系。因此,本实验还安排了用 NH_3-TPD 和 CO_2-TPD 方法测定 $\gamma\text{-}Al_2O_3$ 表面酸、碱强度和酸、碱位的数量。它们的基本原理是,先让 $\gamma\text{-}Al_2O_3$ 吸附 NH_3 或 CO_2,然后在惰性气流中进行程序升温,与酸位结合的 NH_3 或与碱位结合的 CO_2 就会脱附出来。脱附峰对应的温度越高,表示酸(或碱)的强度越大;而脱附峰的面积则表示酸(或碱)位的数量多少。

仪器与试剂

1.仪器

搅拌及恒温水浴,真空泵,电导仪,箱式高温炉,电子天平,反应装置(图 5-2),气相色谱仪,积分仪,氢气发生器,TPD 装置 1 套(图 5-3)。

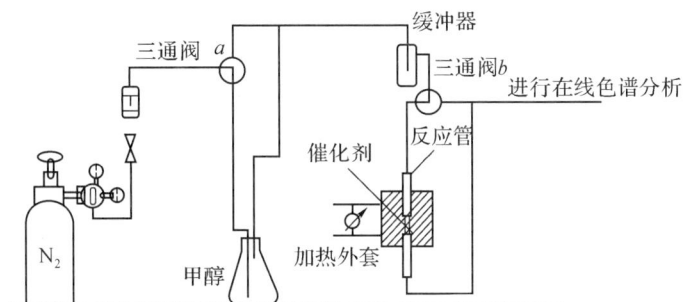

图 5-3　由甲醇合成二甲醚的反应装置流程示意图

2.试剂

甲醇(A. R 或 C. P.),高纯 N_2,自制 $\gamma\text{-}Al_2O_3$ 催化剂,$NaAlO_2$(A. R.),浓盐酸(A. R.),$NH_3\text{-}He$ 混合气,高纯 He(99.99％)。

实验步骤

1. $\gamma\text{-}Al_2O_3$ 的制备

(1)先用量筒配制体积比为 1：5 的盐酸 200mL。

(2)称取 8g $NaAlO_2$,溶于 150mL 去离子水中,使之充分溶解,如有不溶物可加热搅拌。

(3)将配制好的 $NaAlO_2$ 溶液置于 70℃恒温水浴中,搅拌,慢慢滴加配制好的盐酸溶液。控制滴加速率为 10s/1 滴,约滴加 55mL 盐酸,测量 pH 值为 8.5～9 时,即达终点(控制 pH 值很重要)。

(4)继续搅拌 5min,在 70℃水浴中静置老化 0.5h。过滤、洗涤沉淀直至无 Cl^- 离子(滤液电导在 $50\Omega^{-1}$ 以下)。

(5)将沉淀于烘箱内,在 120℃以下烘干 8h 以上。

(6)在 450～550℃煅烧 2h。

(7)称量所得 $\gamma\text{-}Al_2O_3$ 的质量。

2. $\gamma\text{-}Al_2O_3$ 的活性评价

反应装置如图 5-3 所示。甲醇由 N_2 带入反应器,在 a,b 两点分别取样,分析甲醇被带入量及产物组成。冰浴中收集到的组分是反应生成的部分水。在常温下二甲醚呈气体状态,存在于反应尾气中。

(1)将 γ-Al$_2$O$_3$ 粉末在压片机上以 500MPa 压力压成圆片,再破碎、过筛,选取 40~60 目筛分备用(预习时完成)。

(2)将 1g 催化剂装填于反应管内,并将反应管与管路连接好。

(3)打开 N$_2$ 瓶,选择三通阀 a 的位置,使 N$_2$ 不通过甲醇瓶而直接进入反应器,控制 N$_2$ 流量为 40mL·min^{-1}。开启加热电源,使反应管升温至 250℃。切换三通阀 a,使 N$_2$ 将甲醇带入反应器,开始反应。计算空速 GHSV、线速及接触时间。

(4)色谱分析:

①分析条件

检测器:TCD;色谱柱:GDX-403,长 2m;载气:H$_2$ 40mL·min^{-1};柱温:80℃;桥流:150mA;汽化温度:160℃。

②分析步骤(在反应前完成)

先通载气,待载气流量达到规定值时,打开色谱仪总电源,再启动色谱室。然后接通气化器电源,待柱温升到 80℃并稳定后,打开热导池电流开关,将桥电流调至规定值。

(5)待反应进行一段时间后,通过切换三通阀 b 用色谱仪分别分析反应尾气和原料气,由分析结果可计算出甲醇的转化率及选择性。每个取样点取两个平行数据。

(6)将反应管升温至 400℃继续反应,待温度稳定 0.5h 后,再取一组样。每点仍取两个平行数据。

(7)停止反应,将三通阀转向,断开甲醇通路,关闭加热电源,2min 后关闭 N$_2$,同时将色谱仪关闭(按与开机相反的顺序操作)。

3. γ-Al$_2$O$_3$ 表面酸性测量

(1)让 MS-C 仪处于备用状态。

(2)将 0.1g γ-Al$_2$O$_3$(实验步骤 1 中已筛分好的)置入反应管,见图 5-4。

(3)以 40mL·min^{-1} 流速通入 He,将反应管升温至 300℃并恒温 1h。

(4)将反应管降至室温。

(5)将 He 切换为 NH$_3$-He 混合气(40mL·min^{-1}),以进行 NH$_3$ 的吸附,此过程持续 20min.

(6)将 NH$_3$-He 混合气切换为 He(40mL·min^{-1}),进行吹扫直至质谱仪检测器基线稳定。

(7)由室温以 10℃·min^{-1} 的速度进行程序升温(至 800K 左右),同时用质谱仪记录升温曲线。

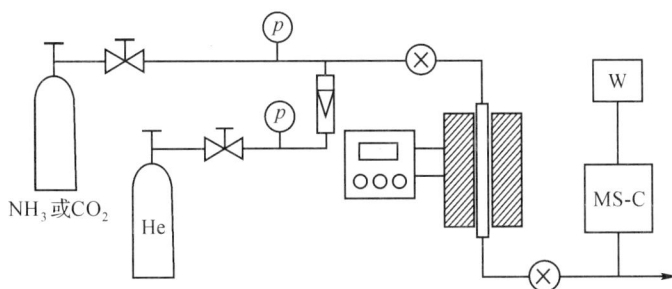

图 5-4　催化剂表面酸、碱性测定流程示意图

4. γ-Al$_2$O$_3$ 表面碱性测量

除将 NH$_3$-He 混合气更换为 CO$_2$ 外，按实验步骤 3 测定。

实验结果处理与讨论

(1)计算 γ-Al$_2$O$_3$ 的收率并分析可能造成损失的原因。

(2)记录装填催化剂的质量、体积、氮气流速(mL·min^{-1})、室温、反应恒温时间。

(3)计算甲醇在氮气中的体积分数，并计算空速、线速及接触时间。

(4)记录在两种不同温度下甲醇及二甲醚的色谱峰面积，分别计算甲醇的转化率，并比较温度对活性和选择性的影响。

(5)与其他同学的实验结果进行对照，定性讨论反应性能与 γ-Al$_2$O$_3$ 表面酸、碱强度和酸、碱中心数量之间的关系。

思考题

(1) γ-Al$_2$O$_3$ 的 L 酸、B 酸中心是如何产生的？

(2) γ-Al$_2$O$_3$ 为何可以提高甲醇脱水生成二甲醚的反应速率？

(3)反应温度和压力对二甲醚的产率有何影响？

(4)对实验改进有哪些设想和建议？

参考文献

[1] Spivey J J. Chem Eng Comm Dehydration Catalysts for the Methanol Dimethyl Ether Reaction. 1991,(110):123

[2] Satterfield C N. Heterogeneous Catalysis in Industrial Practice. McGraw—Hill Inc. 1991. 112

[3] 尹元根. 多相催化剂的研究方法. 北京:化学工业出版社,1988

［4］Postula W S，Anthony R G. Effeet of Hydrogen Sulfidc on Isosynthesis over 7 wt％ Cerium Zirconia Catalyst Appl Catal A General，1994，(112):175～185

［5］Tseng S C，Jackson N B，Ekerdt J G. Isosynthesis Reaction of CO/H_2 over Zireonium Dioxide J Catal，1990,(109)：284～297

［6］Mazanec T J. The Mechanism of Higher Alcohol Formation over Metal Oxide Catalysis J Catal，1986，(98)：115～125

［7］Postula W S. Feng Z F，Philip C V，et al. Conversion of Synthesis Gas to Isobutylene over Zirconium Dioxide Based Catalysts. J Catal，1994，(145):126～131

［8］Maruya K，Hara M，Kondo J，et al. Key Reaction for Formation of Isobutene over ZrO_2 and Isoprene over CeO_2 in CO Hydrogenation Studied in Surf. Sei and Catal,1996,(101):1401

［9］Pichler H，Ziesecke K H. The Isosynthesis Bulletin 448 Burean of Mines. Washington D C,1950

实验 39　　用 ^{1}HNMR 法测量氯仿—丙酮的氢键缔合常数

实验目的

(1)学习用 ^{1}HNMR 法测量氯仿—丙酮氢键缔合常数的原理及方法。

(2)熟悉核磁共振仪的使用和操作方法。

实验原理

众所周知,溶液中氢键缔合作用的产生,首要条件是体系中存在着质子给予体和质子接受体。氯仿 $CHCl_3$ 中含有氢原子,可以作为质子给予体,而丙酮 $(CH_3)_2C=O$ 中含有氧原子,可作为质子接受体。二者单独存在时,均不能发生氢键缔合作用,但两者混合后,氯仿与丙酮分子之间生成氢键缔合体。质子发生氢键缔合后,所受到的屏蔽作用减弱,其共振线移向低场。本实验就是依据伴随着氢键缔合体的生成,氯仿质子的化学位移发生显著变化,测量氯仿—丙酮的氢键缔合常数。

设氯仿(A)和丙酮(B)在惰性溶剂中以 1:1 的形式缔合,

$$A+B \rightleftharpoons AB$$

络合常数　$K_1 = \dfrac{X_{AB}}{X_A + X_B} = \dfrac{n_{AB}(n_A + n_B + n_C - n_{AB})}{(n_A - n_{AB}) \cdot (n_B - n_{AB})}$

式中：n_A、n_B、n_C 是氯仿、丙酮和四氯化碳的物质量，n_{AB} 是平衡时缔合体的物质量，单位均为摩尔。

若氯仿的配制浓度很小，且满足 $n_B \gg n_A$，则上式成为

$$K_x = \frac{n_{AB}(n_A + n_B + n_C)}{(n_A - n_{AB}) \cdot n_B} \qquad ①$$

$$\frac{n_{AB}}{n_A} = \frac{K_X \cdot x_B}{1 + K_X \cdot X_B}$$

$$\frac{n_A - n_{AB}}{n_A} = \frac{1}{1 + K_X \cdot X_B} \qquad ②$$

式中：$X_B = \dfrac{n_B}{(n_A + n_B + n_C)}$ 为丙酮的配制物质的质量分数。

设在溶液中氯仿质子的化学位移 δ 为该质子在自由态和缔合态化学位移 δ_f 与 δ_b 的加权平均

$$\delta = \frac{(n_A - n_{AB})}{n_A}\delta_f + \frac{n_{AB}}{n_A} \cdot \delta_b \qquad ③$$

将①、②两式代入③式得：

$$\delta = \frac{1}{1 + K_X X_B}\delta_f + \frac{K_X X_B}{1 + K_X X_B}\delta_b$$

两边同减去 δ_f 得：

$$\delta - \delta_f = \frac{K_X X_B}{1 + K_X X_B}(\delta_b - \delta_f) \qquad ④$$

令 $\Delta = \delta - \delta_f$，$\Delta_0 = \delta_b - \delta_f$

④式两边取倒数，得 Benesi-Hilbrand 型方程

$$\frac{1}{\Delta} = \frac{1}{K_X \Delta_0 X_B} + \frac{1}{\Delta_0} \qquad ⑤$$

以 $1/\Delta$ 对 $1/X_B$ 进行线性拟合，可求出 K_X 和 Δ_0，δ_f 是丙酮不存在时，氯仿在四氯化碳中的化学位移的测定值。

⑤式的特点是只与浓度 X_B 有关。如 $n_B \gg n_A$ 的条件不被满足，可以推导得到 Rose-Drago 型方程

$$\frac{X_B}{\Delta} = \frac{1}{K_X \Delta_0} + \frac{X_A + X_B}{\Delta_0} \qquad ⑥$$

以 X_B/Δ 对 $(X_A + X_B)$ 进行线性拟合，可求出 Kr 和 Δ_0，⑥式与 X_A、X_B 有关，其中 $X_A + X_B + X_C = 1$。

仪器与试剂

1.仪器

核磁共振仪。

2.试剂

氯仿、丙酮、四氯化碳均为二级试剂,使用前加干燥24h以上的5Å分子筛。

实验步骤

(1)保持氯仿的浓度不变,改变丙酮的浓度,用四氯化碳为惰性稀释剂,在5mL容量瓶中用称量法配制不同浓度的氯仿、丙酮的四氯化碳溶液6~7个。用相同方法配制一个不含丙酮的氯仿和四氯化碳溶液。

(2)调节好核磁共振仪的操作参数,在实验温度为309.2 ± 0.5K下,以四甲基硅烷(TMS)为内标,在60MHz下测定上述各溶液中氯仿质子的化学位移,每个样品测量2~3次,取其平均值。

实验结果处理与讨论

(1)根据扫描谱图,算出不同溶液时氯仿质子的化学位移δ(ppm),将所得结果列于下表中。

$X_{丙酮}$	δ/ppm	Δ/ppm	$1/X_{丙酮}$	$1/\Delta$(ppm)

(2)根据⑤式以$1/\Delta \sim 1/X_B$线性回归或用作图法求出氢键缔合常数K_τ。

(3)实验测定的结果表明:氯仿、丙酮和四氯化碳三元溶液中,氯仿质子的化学位移随着丙酮浓度的增加而逐渐移向低场,表明氯仿分子与丙酮分子产生了氢键缔合。本实验以四氯化碳为稀释剂,在309.2K测得的$K_X = 1.96$。

思考题

(1)为什么配制不同浓度的溶液时,要保持氯仿的浓度不变而改变丙酮的浓度?

(2)若改用其他惰性稀释剂时,对K_X的测定值有无影响?

参考文献

[1] 王可玉,郑国康.化学学报.1986,(44):715

[2] 周燕华,郑国康. 化学学报. 1987,(45):391
[3] Huggins C M,Pementel G C. J Chem Phys. 1955,(23):1244

实验 40 用气液色谱法测定无限稀溶液的活度系数

实验目的

(1)了解气相色谱仪的基本构造及其原理,并初步掌握其使用方法。

(2)应用气液色谱法测定无限稀溶液中溶质的比保留体积和活度系数,了解它们与热力学函数的关系。

实验原理

实验所用色谱柱固定相为冠醚(也可选用其他体系),它在柱温下为液态,又称为固定液,作为溶剂。样品为苯、甲苯、二甲苯、乙苯、醇类、醚类化合物等,以此作为溶质。样品进入色谱柱前,在气化室中气化,并与载气混合成气相,经色谱柱后,在出口处出现一个对称的样品峰,如图 5-5 所示。

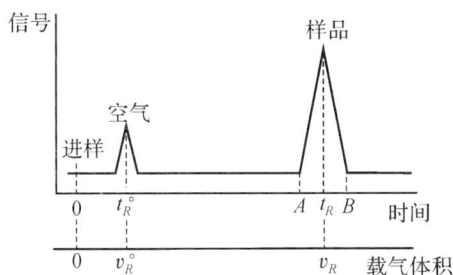

图 5-5 典型的色谱图

其中 t_R^0 为死时间,即惰性气体(空气)从进样到样品峰顶的时间;t_R 为样品的保留时间,即从进样到样品峰顶的时间;$(t_R - t_R^0)$ 为样品保留时间;v_R^0 为死体积;v_R 为样品的保留体积;$v_R - v_R^0$ 为校正保留体积。

v_l 为固定液体积,c_g 与 c_l 分别为样品在气相中与在液相中的浓度。令 $K = c_l/c_g$,则溶质在液、气两相中的分配系数,因为 $v_R c_g = v_R^0 c_g + v_l c_l$,则

$$K = \frac{v_R - v_R^0}{v_l} \qquad ①$$

设 x_l 和 x_g 分别为液相和气相中溶质的摩尔分数;气相总压力为 p,溶质的分压即为 $x_g \cdot p$;p_s 是溶质在柱温下的饱和蒸气压。如液相为非理想溶液,即到达气液平衡时便有:

$$x_g p = r x_l p_s \quad \text{或} \quad \gamma = \frac{x_g \cdot p}{x_l \cdot p_s} \tag{②}$$

式中：γ 就是该溶液中溶质的活度系数。根据定义

$$K = \frac{c_l}{c_g} = \frac{\left(\dfrac{n_l^s}{v_l}\right)}{\left(\dfrac{n_g^s}{v_R^0}\right)} = \frac{x_l}{x_g} \cdot \frac{n_l v_R^0}{n_g v_l}$$

$$\frac{x_g}{x_l} = \frac{1}{K} \cdot \frac{n_l}{v_l} \cdot \frac{v_R^0}{n_g} \tag{③}$$

式中：n_l^s 和 n_g^s 分别代表液相和气相中溶质的物质的量；n_l 和 n_g 分别代表液相和气相中所含各组分的总物质的量。

　　根据理想气体状态方程，在柱温为 T_c 时，③式可变成

$$\frac{x_g}{x_l} = \frac{1}{K} \cdot \frac{n_l}{v_l} \cdot \frac{R \cdot T_c}{p} \tag{④}$$

　　将①、④两式代入②式中，得

$$\gamma = \frac{R \cdot T_c}{\dfrac{(v_R - v_R^0)}{n_l} \cdot p_s} \tag{5}$$

　　若溶质在固定液中浓度可视为无限稀，即 $n_l^s \to 0$，可以认为液相中只有固定液一个组分，其分子量为 M，重量为 w，那么，某溶质在无限稀时的活度系数 γ^0 可表示为

$$\gamma^0 = \frac{R \cdot T_c}{\left(\dfrac{v_R - v_R^0}{w}\right) M \cdot p_r} = \frac{273.2 R}{\left(\dfrac{v_R - v_R^0}{w} \cdot \dfrac{273.2}{T_c}\right) M \cdot p_r}$$

$$= \frac{273.2 R}{v_g \cdot M \cdot P_r} \tag{⑥}$$

$$v_g = \frac{273.2}{T_r} \cdot \frac{p_0 - p_w}{p_0} \cdot j \cdot F'_{c0} \cdot \frac{t_r - t_r^o}{w} \tag{⑦}$$

式中：v_g 为样品的比保留体积；Tr 为皂膜流速计的温度；p_0 为色谱柱出口压力（从压力计上读出）；F'_{co} 为皂膜流速计测得的色谱柱出口载气流速；p_w 为温度 T_r 时水的饱和蒸气压。j 为压力校正因子：

$$j = \frac{3}{2} \cdot \frac{(p_i/p_0)^2 - 1}{(p_i + p_0)^3 - 1}$$

式中：p_i 为色谱柱进口压力，即柱前压。

　　对⑥式取对数，整理后得

$$\ln v_g = \ln \frac{273.2 \cdot R}{M} - \ln p_s - \ln \gamma^0$$

　　再对其作 $1/T$ 微分：

$$\frac{\mathrm{dln}v_g}{\mathrm{d}(1/T)} = -\frac{\mathrm{dln}p_r}{\mathrm{d}(1/T)} - \frac{\mathrm{dln}\gamma^0}{\mathrm{d}(1/T)} = -\frac{\Delta H_v}{R} - \frac{\overline{H}_s - \widetilde{H}_s}{R} \qquad ⑧$$

式中：ΔH_v 是温度为 T 时的摩尔气化热；$\overline{H}_s$ 为纯溶质得摩尔焓；$\widetilde{H}_s$ 为溶液中溶质的偏摩尔焓；$\overline{H}_s - \widetilde{H}_s$ 为样品的偏摩尔混合热。

若是理想溶液，$\gamma^0 = 1$，以 $\ln v_g$ 对 $1/T$ 作图有线性关系，由直线斜率可求得汽化热 ΔH_v。如果是非理想溶液，且 ΔH_v 与 $\ln v_g$ 随温度变化不太大。这时以 $\ln v_g$ 对 $1/T$ 作图，由直线斜率可得两个焓变之和，即为样品在固定液中摩尔溶解热。

假如色谱柱的固定相不是液体，而是固体（即为气－固色谱），如分子筛、硅胶等，则以 $\ln v_g$ 对 $1/T$ 作图。由直线斜率可求得吸附热。

仪器与试剂

1. 仪器

气相色谱仪一台；气压计；停表；红外灯；微型注射器；继电器；超级恒温槽。

2. 试剂

冠醚、苯（AR）、甲苯、乙苯、邻二甲苯、间二甲苯、对二甲苯、醚类（AR）、醇类（AR）、101 硅烷化白色担体。

实验步骤

配置以冠醚为固定液的色谱柱（已制好）。

称取一定量的冠醚，在称量瓶中加适量二氯乙烷溶剂，使其溶解完全，按固定液∶担体（重量比）为 25∶100，称取 101 硅烷化白色担体于称量瓶内，在红外灯下缓慢加热，使溶剂蒸发。

气路连接后，首先检查系统是否漏气。

先接通色谱仪气源，后开启电源开关。调节热导电流为 150mA。柱温控制在指定温度。待记录仪基线稳定后便可开始进样。

用微型注射器分别注射空气、苯、甲苯、二甲苯、醇类、醚类，进样量要适当。

测定保留时间。

用两个停表。第一个停表从进样开始计时，到 A 点停止，时间为 t_{OA}；第二个停表也从进样开始计时，到 B 点停止，时间为 t_{OB}。保留时间 $t_r = (1/2)(t_{OA} + t_{OB})$，每个样重复两次，保留时间的误差不超过 0.05%，取平均值。

在测每一个样的保留时间的同时，测量大气压、皂膜计的流速与温度、进口压力和柱温等。

实验数据及处理

将所测数据列表。

由⑥式计算所测样品在冠醚中的 γ^0 值。

由⑦式求 v_g 值,并由⑧式求溶解热。

思考题

(1)所测样品在冠醚中的溶液对拉乌尔定律是正偏差还是负偏差?有什么规律性?

(2)测定溶解热时为什么温度变化范围不宜太大?

(3)用气相色谱法测定溶质的 r^0 有哪些限制条件?

(4)根据分子间作用力,简单讨论各样品在冠醚中的 $\bar{H}_s - \hat{H}_s$ 的差别。

实验设计

以邻苯二甲酸二壬酯为固定液,分别以二氯甲烷、三氯甲烷和四氯化碳作为溶质进样,测定无限稀活度系数。

讨　　论

气相色谱测定无限稀活度系数基于下述假设:

作为溶剂的固定液,量较大,一般是以克为单位;而作为溶质组分的样品,进样量很小,一般是以微升为单位。所以可以认为该体系是无限稀溶液。

正因为样品组分的量甚微,它在气、液两相中扩散十分迅速,处于瞬间平衡状态,可认为气相色谱中的动态平衡与真正的静态平衡接近,假定色谱柱内任何点均达气液平衡。

色谱柱的温度控温精度一般可以达到 $\pm 0.1\,℃$ (甚至可达到 $\pm 0.05\,℃$),可认为色谱柱处于等温条件。

一般色谱柱气相压力不太高,可将气相作为理想气体处理。

气相色谱法测定无限稀溶液与活度系数,限于由一高沸点组分和一低沸点组分组成的二元体系,以保证在色谱条件下固定液即溶剂不会流失。也就是说,此法只限于测定高沸点组分浓度 $c \rightarrow 1$,低沸点组分浓度 $c \rightarrow 0$ 的无限稀活度系数;反之,则不能。

参考资料

[1]复旦大学等.物理化学实验(上册).北京:人民教育出版社,1979

[2]孙尔康,徐维清,邱金恒.物理化学实验.南京:南京大学出版社,1997

[3]武汉大学化学与环境科学学院编.物理化学实验.武汉:武汉大学出版社,2000

附录一 常用数据表

1. 国际制基本单位（SI）

量	名 称	代 号	
长度	米	米	m
质量	千克(公斤)	千克(公斤)	kg
时间	秒	秒	s
电流	安培	安	A
热力学温度	开尔文	开	K
物质的量	摩尔	摩	mol
发光强度	坎德拉	坎	cd

2. 由专用名称的国际制单位制导出单位

物理量	专用名称	代 号	国际制基本单位
频率	赫兹	Hz	$1Hz = s^{-1}$
力	牛顿	N	$1N = kg \cdot m \cdot s^{-2}$
压力、应力	帕斯卡	Pa	$1Pa = N \cdot m^{-2}$
能、功、热量	焦耳	J	$1J = N \cdot m$
电量、电荷	库仑	C	$1C = A \cdot s$
电位、电压、电动势	伏特	V	$1V = W \cdot A^{-1}$
电容	法拉	F	$1F = C \cdot V^{-1}$
电阻	欧姆	Ω	$1\Omega = V \cdot A^{-1}$
电导	西门子	S	$1S = A \cdot V^{-1}$
磁通量	韦伯	Wb	$1Wb = V \cdot s$
磁感应强度	特斯拉	T	$1T = W_b \cdot m^{-2}$
电感	亨利	H	$1H = Wb \cdot A^{-1}$
功率	瓦特	W	$1W = J \cdot s^{-1}$

3. 压力单位换算

帕斯卡	工程大气压	毫米水柱	标准大气压	毫米汞柱
1	1.02×10^3	0.102	0.99×10^3	0.0075
98067	1	10^4	0.9678	735.6
9.807	0.0001	1	0.9678×10^6	0.07306
101325	1.033	10332	1	760
133.32	0.00036	13.6	0.00132	1

$1Pa = 1N \cdot m^{-2}$, 1 工程大气压 $= 1kg \cdot cm^{-2}$, $1mmHg = 1Tow$, $1bar = 10^5 N \cdot m^{-2}$, 标准大气压即物理大气压。

4. 不同温度(单位:℃)下水的饱和蒸气压(单位:133.32Pa 或 mmHg)

T	p	T	p	T	p	T	p
0	4.579	25	23.76	50	92.51	75	289.1
1	5.926	26	25.21	51	97.20	76	301.4
2	5.294	27	26.74	52	102.1	77	314.1
3	6.685	28	28.35	53	107.2	78	327.3
4	6.101	29	30.04	54	112.5	79	341.0
5	7.543	30	31.82	55	118.0	80	355.1
6	7.013	31	33.70	56	123.3	81	365.7
7	8.513	32	35.36	57	129.8	82	384.9
8	8.045	33	37.73	58	136.1	83	400.6
9	9.609	34	39.90	59	142.6	84	416.8
10	9.209	35	42.18	60	149.4	85	433.6
11	9.844	36	44.56	61	156.4	86	450.9
12	10.52	37	47.07	62	163.8	87	468.7
13	11.23	38	49.09	63	171.4	88	487.1
14	11.99	39	52.44	64	179.3	89	506.1
15	12.79	40	55.32	65	187.5	90	525.7
16	13.63	41	58.34	66	196.1	91	546.0
17	14.53	42	61.50	67	205.0	92	566.9
18	15.48	43	64.80	68	214.2	93	588.6
19	16.48	44	68.26	69	223.7	94	610.9
20	17.54	45	71.88	70	233.7	95	633.9
21	18.65	46	75.65	71	243.9	96	657.6
22	19.83	47	79.60	72	254.6	97	682.0
23	21.07	48	83.71	73	265.7	98	707.2
24	22.38	49	88.02	74	277.2	99	733.2

5. 水的表面张力（$\sigma/10^{-3}\text{N}\cdot\text{m}^{-1}$）

温度（℃）	表面张力	温度（℃）	表面张力	温度（℃）	表面张力
15	73.49	21	72.59	27	71.66
16	73.34	22	72.44	28	71.50
17	73.19	23	72.28	29	71.35
18	73.05	24	72.13	30	71.18
19	72.90	25	71.97	31	70.38
20	72.75	26	71.82	32	69.56

6. 水的黏度（单位：厘泊）（1 厘泊＝$10^{-4}\,\text{Pa}\cdot\text{s}(\text{m}^{-1}\cdot\text{kg}\cdot\text{s}^{-1})$）

温度（℃）	0	10	20	30	40	50
0	1.7921	1.3077	1.0050	0.8007	0.6560	0.5494
1	1.7313	1.2713	0.9810	0.740	0.6439	0.5404
2	1.6728	1.2363	0.9579	0.7679	0.6321	0.5315
3	1.6191	1.2028	0.9358	0.7523	0.6207	0.5229
4	1.5674	1.1709	0.9142	0.7371	0.6097	0.5146
5	1.5188	1.1404	0.8937	0.7225	0.5988	0.5604
6	1.4728	1.1111	0.8937	0.7085	0.5883	0.4895
7	1.4284	1.0828	0.8545	0.6947	0.5782	0.4907
8	1.3860	1.0559	0.8360	0.6814	0.5683	0.4832
9	1.3462	1.0299	0.8180	0.6685	0.5588	0.4759

7. 77～84K 氮和氧的饱和蒸气压(mmHg)

温度(K)		0	1	2	3	4	5	6	7	8	9
77	N₂	729.2	734.9	746.6	755.4	746.3	773.3	782.3	791.5	800.6	809.9
	O₂	147.98	150.20	152.30	154.46	156.75	159.05	161.3	163.86	166.25	168.89
78	N₂	819.3	828.8	838.4	847.9	857.6	867.5	877.3	887.2	897.1	907.2
	O₂	171.15	173.67	176.08	178.50	181.15	183.73	186.43	189.03	191.65	194.36
79	N₂	917.4	927.8	938.4	948.6	959.2	969.8	980.6	991.3	1002.2	1013.2
	O₂	197.10	199.85	202.67	205.45	208.32	211.30	214.12	217.07	220.5	223.0
80	N₂	729.2	734.9	746.6	755.4	746.3	773.3	782.3	791.5	800.6	809.9
	O₂	147.98	150.20	152.30	154.46	156.75	159.05	161.3	163.86	166.25	168.89
81	N₂	819.3	828.8	838.4	847.9	857.6	867.5	877.3	887.2	897.1	907.2
	O₂	171.15	173.67	176.08	178.50	181.15	183.73	186.43	189.03	191.65	194.36
82	N₂	917.4	927.8	938.4	948.6	959.2	969.8	980.6	991.3	1002.2	1013.2
	O₂	197.10	199.85	202.67	205.45	208.32	211.30	214.12	217.07	220.5	223.0
82	N₂	1264.9	1277.9	1291.0	1303.8	1317.5	1330.9	1344.5	1353.0	1371.7	1385.6
	O₂	294.44	298.24	302.07	305.98	309.87	313.84	317.84	321.88	325.96	330.67
83	N₂	1399.4	1413.5	1427.6	1441.1	1456.1	1470.6	1485.1	1499.7	1514.4	1529.2
	O₂	334.23	338.45	324.69	346.95	351.30	355.68	360.00	364.55	369.04	373.59
84	N₂	1544.2	1599.2	1574.4	1589.6	1605.0	1620.4	1636.0	1651.7	1667.4	1683.3
	O₂	378.18	382.81	387.92	392.21	396.98	401.79	406.65	411.55	416.49	421.50

附录二　教学和研究参考资料汇编

（一）教学及实验参考书

［1］胡英主编. 物理化学（第四版）. 北京：高等教育出版社,1999

［2］刘冠昆,车冠全,陈六平,童叶翔编著. 物理化学. 广州：中山大学出版社,2000

［3］邓景发,范康年编著. 物理化学. 北京：高等教育出版社,1993

［4］朱文涛. 物理化学. 北京：清华大学出版社,1995

［5］傅献彩,沈文霞,姚天扬. 物理化学（第四版）. 北京：高等教育出版社,1990

［6］Atkins P W. Physical Chemistry(5th ed). Oxford University Press, 1994

［7］Levine I N. Physical Chemsitry(4th ed). McGraw—Hill, 1995

［8］Barrow G M. Physical Chemistry(6th ed). McGraw—Hill, 1996

［9］印永嘉,奚正楷,李大珍编. 物理化学（第三版）. 北京：高等教育出版社,1992

［10］傅玉普主编. 多媒体 CAI 物理化学（第二版）. 大连：大连理工大学出版社,2000

［11］北京大学化学学院物理化学教研室编. 物理化学实验（第四版）. 北京：北京大学出版社,2002

［12］孙尔康,徐维清,邱金恒编. 物理化学实验. 南京：南京大学出版社,1999

［13］南开大学化学系物理化学教研室编. 物理化学实验. 天津：南开大学出版社,1991

［14］复旦大学等编,蔡显鄂,项一非,刘衍光修订. 物理化学实验（第二版）. 北京：高等教育出版社,1993

［15］D. P. Shoemaker, C. N. Garland, J. W. Nibler 著. 物理化学实验. 俞鼎琼,廖代伟译. 北京：化学工业出版社,1990

［16］古凤才,肖衍繁主编. 基础化学实验教程. 北京：科学出版社,2000

［17］刘约权,李贵深主编. 实验化学（上、下册）. 北京：高等教育出版社,1998

［18］高剑南,戴立益主编. 现代化学实验基础. 上海：华东师范大学出版社,1998

［19］张济新,邹文樵等编. 实验化学原理与方法. 北京：化学工业出版社,1999

[20] 吴泳主编. 大学化学新体系实验. 北京:科学出版社,1999

[21] Halpern A.M. Experimental Physical Chemistry: A Laboratory Textbook(2nd ed), 1997

[22] 王伯康主编. 综合化学实验. 南京:南京大学出版社,2000

[23] 宗汉兴主编. 化学基础实验. 杭州:浙江大学出版社,2000

[24] 罗澄源编著. 物理化学实验(第三版). 北京:高等教育出版社,1992

[25] 浙江大学等编. 综合化学实验. 北京:高等教育出版社,2001

[26] 雷群芳主编. 中级化学实验. 北京:科学出版社,2005

[27] 巴德·福克纳. 电化学方法原理与应用. 林英谷译. 北京:化学工业出版社,1986

[28] 北京大学仪器分析教学组. 仪器分析教程. 北京:北京大学出版社,1997

[29] 陈大勇,高永煜. 物理化学实验. 上海:华东理工大学出版社,2000

[30] 陈培榕,邓勃. 现代仪器分析实验与技术. 北京:清华大学出版社,1999

[31] 陈宗淇. 胶体与界面化学. 北京:高等教育出版社,2001

[32] 崔献英,柯燕雄,单绍纯. 物理化学实验. 合肥:中国科学技术大学出版社,2000

[33] 方惠群,于俊生,史坚. 仪器分析. 北京:科学出版社,2002

[34] 胡英主编. 物理化学参考. 北京:高等教育出版社,2003

[35] 黄泰山,陈良坦,韩国林,吴金添. 新编物理化学实验. 厦门:厦门大学出版社,1999

[36] 梁金魁. 粉末衍射法测定晶体结构. 北京:科学出版社,2002

[37] 林树昌,曾泳淮. 分析化学(仪器分析部分). 北京:高等教育出版社,1994

[38] 马礼敦. 高等结构分析,上海:复旦大学出版社,2002

[39] 弁世芬,刘克纳. 离子色谱方法及应用. 北京:化学工业出版社,2000

[40] 苏克曼,潘铁英,张玉兰. 波谱解析法. 上海:华东理工大学出版社,2002

[41] 索耶,海纳曼,毕比. 仪器分析实验. 方惠群译. 南京:南京大学出版社,1989

[42] 天津大学. 物理化学(第四版). 北京:高等教育出版社,2001

[43] 汪昆华,罗传秋,周啸. 聚合物近代仪器分析(第二版). 北京:清华大学出版社,2000

[44] 武汉大学化学系. 仪器分析. 北京:高等教育出版社,2001

[45] 叶卫平,方安平,于本方. Origin7.0科技绘图及数据分析. 北京:机械工业出版社,2004

[46] 张济新,孙海霖,朱明华. 仪器分析实验. 北京:高等教育出版社,1994

[47] 张剑荣,戚苓,方惠群. 仪器分析实验. 北京:科学出版社,1999

［48］赵国玺.表面活性剂的物理化学(修订版).北京:北京大学出版社,1991

［49］殷学锋主编.新编大学化学实验.北京:高等教育出版社,2001

［50］朱良漪.分析仪器手册.北京:化学工业出版社,1997

［51］朱明华.仪器分析(第三版).北京:高等教育出版社,2000

［52］朱岩.离子色谱原理及其应用.杭州:浙江大学出版社,2002

［53］Garland C W，Nibler J W，Shoemaker D P. Experiments in Physical Chemistry(7[th]ed). McGRAW—HILL,2003

［54］北京师范大学编. 化学实验规范. 北京:北京师范大学出版社,1987

［55］林宝风等编著. 基础化学实验技术绿色化教程,北京:科技出版社,2003

(二)一般化学数据手册

这类手册归纳及综合了各种物理化学数据,提供一般查阅。

1. "CRC Handbook of Chemistry and Physics"《化学与物理学手册》

1913 年出第一版,至今已出多个版本。Robert C. Weast 担任该书主编达 30 多年,第 71 版起改由 David R. Lide 任主编。此书每年修订一次,由美国 CRC (化学橡胶公司)新出一版,前有目录,后有索引,并附有文献数据出处,内容丰富,使用方便。从第 71 版起,该书标题由原来的 6 个调整改为 16 个,除保留原内容外,又增加了新的内容。每一新版都收录有最新发表的重要化合物的物性数据。

2. "International Critical Tables of Numerical Data，Physics，Chemistry and Technology"《物理、化学和工艺技术的国际标准数据表》

1926—1933 年出版,共七大卷,为一本常用的手册。所搜集的数据是 1933 年以前的,比较陈旧;但数据比较齐全,为一本常用的手册。I. C. T. 原以法国的数据原表(Tables Annuelles)前五卷为基础,后来 Tables Annuelles 继续出版,自然就成为 I. C. T. 的补充。

3. "Landolt Bornstein"(第六版),德文全名为"Zahlenwerte und Funktionen aus Physik，Chemie，Astronomie，Geophysik und Technik"《物理、化学、天文、地球物理及工艺技术的数据和函数》

郎－彭(L. B.)手册收集的数据较新、较全,因此在 I. C. T. 不能满足要求时,常可查阅郎－彭手册。这个手册按物理性质先分成许多小节,如以上所引的目录所示。在每一小节中再按化合物分类,分类方法见各分册卷。1961 年该书开始出版新辑(L. B. Neue Serie),重新作了编排,名字改为"Landolt-Boernstein Zahlenwerte und Funktionen aus Naturwissenschaften und Technik"《自然科学与技术中的数据和函数关系》,到目前已继续出版了五大类,50 余卷,涉及的内容很广泛。

第六版的卷 I - IV 已译成英文:

卷 I:原子和分子物理;

卷 II:各种聚集状态的物理性质;

卷 III:天文和地球物理;

卷 IV:基本技术。

每卷又分成若干分册,例如第一卷有五个分册:

I/1:原子和离子;

I/2:分子 I(核架);

I/3:分子 II(电子层);

I/4:晶体;

I/5:原子核和基本粒子。

第二卷有九个分册:

II/1:尚未出版。

II/2:多相体系平衡的热力学常数,蒸气压、密度、转化温度、冰点降低、沸点升高以及渗透压。

II/2b 和 II/2c:溶液平衡。

II/3:熔点平衡(相图),界面平衡的特征常数(表面电荷、接触角、水上的表面膜、吸附、色层、纸上色层)。

II/4:量热数据、生成热、熵、焓、自由能,有分子振动时热力学函数计算表,焦-汤效应,低温时的热磁效应和顺磁盐以及混合物溶液的热力学函数。

II/5:未出版。

II/6:金属和固体离子的电导,半导体,压电晶体的弹性,压力和介电常数、介电特性。

II/7:电化体系的电导、电动势,电化体系中的平衡。

II/8:光学常数,反射,磁光凯尔(Kerr)效应,折光率、旋光、双折射,压电晶体的光学性质,法拉第效应,色散。

II/9:磁学性质,铁磁性,法拉第效应,凯尔效应、顺磁共振、核磁共振。

4. "Handbook of Chemistry"《化学手册》

由 Lange 主编,1934 年出第一版,到 1970 年出第 10 版。从第 11 版(1973)起,手册更名为:"Lange's Handbook of Chemistry"《蓝氏化学手册》,改由 Johm A. Dean 主编。

该书包括数学、综合数据和换算表、原子和分子结构、无机化学、分析化学、电化学、有机化学、光谱学以及热力学性质等。该手册第 13 版(1985)已由尚久方等人译成中文版《蓝氏化学手册》，由科学出版社于 1991 年出版。

5. "Taschenbuch für Chemiker und Physiker"《化学家和物理学家手册》1983—1992 年，由 D'Ans Lax 编。

6. "Handbook of Organic Structure Analysis"《有机结构分析手册》

由 Y. Yukawa 等编（1965）。该书内容有紫外、红外、旋光色散光谱；等张比容；质子碰共振和核四极矩共振；抗磁性；介电常数；偶极矩；原子间距，键角；键解离能；燃烧热、热化学数据；分子体积；胺及酸解离常数；氧化还原电势；聚合常数。

7. "Chemical Engineers' Handbook"《化学工程师手册》（第五版）

由 R. H. Perry 和 C. H. Chilton 主编（1973），为化学工程技术人员编辑的参考手册，附有各种物理化学数据，可供查阅参考。

8. "Handbook of Data on Organic Compounds"《有机化合物数据手册》（第二版）

由 R. C. Weast 等编（1989）。

9. "Journal of Physical and Chemical Reference Data"《物理和化学参考资料杂志》

该刊自 1972 年开始，由美国化学会和美国物理协会负责出版。

10. "Journal of Chemical and Engineering Data"《化学和工程数据杂志》

1956 年开始刊行，每年一卷共四本，每季度出一本，后改为双月刊。每本后面有"New Data Compilation"（新资料编纂），介绍各种新出版的资料、数据手册和期刊。

11. "Tables of Physical and Chemical Constants"《物理和化学常数表》

由 Kaye 和 Laby 编（1966）。

12. "Handbook of Chemical Data"《化学数据手册》

由 F. W. Atack 编（1957）。这是一本袖珍手册，内容简明，介绍了无机和有机化合物的一些主要物理常数以及定性和定量分析部分，可供一般查阅。

13.《物理化学简明手册》

由印永嘉主编，高等教育出版社（1988）。该手册汇集了气体和液体性质、热效应和化学平衡、溶液和相平衡、电化学、化学动力学、物质的界面性质、原子和分子的性质、分子光谱、晶体学等九部分，简明实用。

(三)专用数据手册

A. 热力学及热化学

1. "Selected Vaules of Chemical Thermodynamic Properties"《化学热力学性质的数据选编》

    由 D. D. Wagman 等编(1981)。

2. "Handbook of the Thermodynamics of Organic Compounds"《有机化合物热力学手册》

    由 R. M. Stephenson 编(1987)。

3. "Thermochemical Data of Pure Substances"《纯物质的热化学数据》

    由 Ihsan Barin 编(1989)。

4. "Thermodynamic Data for Pure Compunds"《纯化合物热力学数据》

    由 Smith Buford 等编(1986)。

5. "Selected Values for the Thermodynamc Properties of Metals and Alloys"《金属和合金热力学性质的数据选编》

    由 Ralph Hultgren 等编(1963)。

6. "The Chemical Thermodynamics of Organic Compunds"《有机化合物的化学热力学》

    由 D. R. Stull 等编(1970)。

7. "Thermochemistry of Organic and Organometallic Compunds"《有机和有机金属化合物的热化学》

    由 J. D. Cox 和 G. Pilcher 编(1970)。

B. 平衡常数

1. "Dissociation Constants of Organic Acids in Aqueous Solution"《水溶液中有机酸的解离常数》

    由 G. Kortiuem 等编(1961)。

2. "Dissociation Constants of Organic Bases in Aqueous Solution"《水溶液中有机碱的解离常数》

    由 D. D. Perrin 等编(1965)。

3. "Stability Constants of Metal-lon Complex"《金属络合物的稳定常数》(1964)

    该手册分为两部分:第一部分:无机配位体,由 L. G. Sillen 编;第二部分:有机配位体，由 A. E. Martell 编。

4. "Instability Constants of Complex Compounds"《络合物不稳定常数》
   由 Yatsimirskii 编(1960)。

5. "Ionization Constants of Acids and Bases"《酸和碱的解离常数》
   由 A. Albert 编(1962)。

C. 溶液、溶解度数据

1. "Solubility Data Series"《溶解度数据丛书》
   由 A. S. Kerters 主编，IUPAC 数据出版系列中的一套丛书，包括各种气体、
   液体、固体在各种溶液中的溶解度，篇幅大，数据可靠，至 1990 年已出版 42
   卷。

2. "Physicochemical Constants of Binary System in Concentrated Sulutions"
   《浓溶液中二元体系的物理化学常数》
   共四卷，由 J. Timmermans 编(1959-1960)。

3. "Solubilities of Inorganic and Metalorganic Compounds"《无机和金属有机化
   合物的溶解度》(第四版)
   由 W. F. Links 编。

4. "Solubilities of Inorganic and Organic Compounds"《无机和有机化合物的溶
   解度》
   由 H. Stephen 等编。
   卷 I：Binary system(二元体系)，1963 年。
   卷 II：Ternary and Multicomponent Systems(三元和多组分体系)，1964 年。

5. "Solvents Guide"《溶剂手册》(第二版)
   由 C. Rarseden 编。

D. 蒸气压、气—液平衡

1. "Vapor Pressure of Organic Compunds"《有机化合物蒸气压》
   由 J. Earl Jordan 编(1954)。

2. "Vapor-Liquid Equibilibrium Data"《气-液平衡数据》
   由 Ju Chin Chu 编(1956)。

3. "Azeotropic Data"《恒沸数据》
   由 Lee H. Horsely 编(1962)。

4. "The Vapor Pressures of Pure Substances"《纯物质的蒸气压》
   由 Boublik Tomas 编(1984)。

5. "Vapor-Liquid Equilibrium Data Collection"《气—液平衡数据汇编》
   由 J. Gmehling 等编(1977)，为 Chemistry Data Series《化学数据丛书》的第一圈。

E. 二元合金

1. "Constitution of Binary Alloys"《二元合金组成》(第二版)
   由 Hansen 等编(1958)。

2. "Binary Alloy Phase Diagrams"《二组分合金相图》
   由 T. B. Mascalski 等编(1987)。

F. 电化学

1. "Electrochemical Data"《电化学数据》
   由 D. Dobes 编(1975)；另外，Meites Louis 等人，于 1974 年出版了 "Electrochemical Data"。

2. "Handbook of Electrochemical Constants"《电化学常数手册》
   由 Pago 佃编(1959)。

3. "Selected Constants of Oxidation-Reduction Potentials of Inorganic Substances in Aqueous Solutions"《水溶液中无机物的氧化还原电势常数选编》
   由 G. Charlot 编(1971)。

G. 化学动力学

1. "Tables of Chemical Kinetics，Homogenous Reactions"《化学动力学表，均相反应》(1951)
   续编 No. Ⅰ，1956 年；续编 No. Ⅱ，1960 年；续编 No. Ⅲ，1961 年。

2. "Liquid-Phase Reaction Rate Constants"《液相反应速率常数》
   由 E. T. Denisov 编(俄，1971)，R. K. Johnston 译(英，1974)。

H. 色谱数据

1. 《气相色谱手册》
   由中科院化学研究所色谱组编(1977)，该书附有有关色谱的参考资料。

2. "Compilations of Gas Chromatographic Data"《气相色谱数据汇集》
   由 J. S. Lewis 编(1963)，1971 年 Ⅱ 版补编 Ⅰ。

3. 《气相色谱实用手册》

由吉林化学工业公司研究院编(1980)。

4.《分析化学手册》(第四分册之上册)

由成都科学技术大学分析化学教研室编(1984)。

I. 谱学数据

1. "Crystal Data"《晶体数据》(第三版)

由 G. Donmay 等编。

2. "International Tables for X-Ray Crystallography"《X 射线结晶学国际表》

由 K. Lonsdale 编。

3.《X 射线粉末衍射数据卡片》(简称 P. D. F. 卡(即原 ASTM 卡片)。

4. "Sadtler Standard Spectra Collections"《萨德勒标准谱图集》

这是由美国 Sadtler Research Laboratories,Inc.编纂出版的标准光谱图集，内容包括红外光谱、紫外光谱、核磁共振波谱、拉曼光谱等,该标准谱图集体积庞大,但采用活页本形式装订,时有补充或更新,备有多种索引,查阅十分方便。

5. "Practical Handbook of Spectroscopy"《实用谱学手册》

由 J. W. Robinson 编(1991)。

6. "A Handbook of Nuclear Magnetic Resonance"《核磁共振手册》

由 Freeman Ray 编(1987)。

7. "Raman/Infrared Atlas of Organic Compounds"《有机化合物的拉曼,红外谱集》

由 Bernhard Schrader 编(1989)。

8. "Handbook of Infrared Standards"《红外手册》

由 Guy Guelachvili, K. N. Rao 编(1986)。

J. 偶极矩

1. "Tables of Experimental Dipole Moments"《实验偶极矩表》

由 A. L. McClellan 编(1963)。

2. "Selected Values of Electric Dipole Moments for Molecules in the Gas Phase"《气相中分子电偶极矩数据选编》

由美国国家标准局编,1967 年出版。

(四)化学实验技术参考书

对于化学实验技术,除期刊类外,可分为综合各种化学实验技术的大型丛书、专门技术书以及实验教材(前面已作介绍)等。下面介绍 Arnold Weissberger 所编的几部丛书的章目内容。

1. "Technique of Organic Chemistry"《有机化学技术》

由 Arnold Weissberger 编,该书共 40 卷。Physical Methods of Organic Chemistry(卷 1:有机化学的物理方法,第三版)共分四部分,涉及许多基础物理化学实验内容;第 I 部分包括自动控制,自动记录,称量,密度的测定,颗粒大小和分子量的测定,温度测量,熔融和凝固温度的测定,沸点和冷凝温度的测定,蒸气压的测定,量热学,溶解度的测定,黏度的测定,表面和界面张力的测定,渗透压的测定等;第 II 部分有折射法,结晶化学分析,电子显微镜,X 射线晶体学,气体电子衍射,中子衍射等;第 III 部分有可见光和紫外光谱及可见紫外分光光度计,红外光谱,光散射,旋光测定,偶极矩的测定等;第 IV 部分有微波谱,核磁共振,顺磁共振吸收,磁化率的测定;电位法,电导法,迁移数的测定,电泳,极谱,质谱等。

其余各卷为催化,光化和电解反应;分离和纯化,实验工程学;精馏;吸附和色谱;微量和半微量方法;有机溶剂;反应速率和反应机理的研究;光谱的化学应用;色谱基础;用物理和化学方法定结构;薄层色谱;气体色谱;能量传递和有机光化学。

2. "Technique of Inorganic Chemistry"《无机化学技术》

由 Hans B. Jonassen 和 Arnold Weissberger 编,此书至 1969 年为止,共出版七卷。其内容是:

卷 I:铬合物形成常数的测定,非水溶剂技术,熔盐技术,化学合成中电荷的利用,差热分析;

卷 II:核化学;

卷 III:气体色谱,电子显微镜,处理高活性 β-、和 γ-发射材料的技术,手套箱技术;

卷 IV:离子交换技术,熔盐中氧化物单晶的生长,高温技术,磁化学,旋光色散和圆二色性技术;

卷 V:聚焦炉技术;

卷 VI:高压技术,蒸气压测定;

卷 VII:晶体生长技术、摩斯包尔谱,在惰性气体中进行制备的最有利的方法,电子顺磁共振,挥发性氟化物和其他腐蚀性化合物的操作。

3. "Techniques of Chemistry"《化学操作技术》

由 Arnold Weissberger 和 Bryant W. Rossister 编,此书 1971 年开始出版,没有采用以前"有机"和"无机"两部分的形式,目前尚在继续出版中,到 1990 年,已出第 21 卷。卷 I 为"Physical Methods of Chemistry"《化学中的物理方法》,共分为五个部分:科学仪器的组件、自动记录和自动控制,化学研究中的计算机;电化学方法;光学、光谱和放射性方法;质量、传递和电磁性质的测定;热力学和表面性质的测定。

其余各卷依次为:有机溶剂;光致变色现象;用物理和化学方法测定有机结构;有机合成技术;化学反应速率和机理的研究;膜分离技术;溶液和溶解度;非常条件下的化学实验方法;生化系统在有机化学中的应用;近代液相分析;分离与纯化;实验室工程和操作;薄层分析;顺磁共振理论及其应用;离心分离;激光在化学中的应用;微波分子光谱;有机化合物的溶解特性。

(五) 字典与辞典

1.《英汉科技文献缩略语词典》

王津生、王知津编,1986 年版。

2.《中国大百科全书化学卷》

分两册,1989 年由中国大百科全书出版社出版。

3. "McGraw-Hill Dictionary of Chemical Terms"《McGraw-Hill 化学术语词典》

S. P. Parker 主编,1984 年出版。

4. "The Condensed Chemical Dictionary"《简明化学词典》

1981 年出第 10 版,所收条目除化工产品的名称、商品名、性质、规格、应用外,还包括基础理论、定律、人名等。

5.《汉泽海氏有机化合物辞典》

译自 I. M. Heibron 和 Dictionary of Organic Compounds,1953 年第 3 版。中译文仍按英文俗名的字母顺序排列。原文于 1982 年出第 5 版,由 J. Buckingham 主编,新版包括正文 5 卷及索引 2 卷,以后每年续出补编 1 卷。第 5 版增加了化合物的光谱数据、毒害和危险性资料,但有些物理常数仍需查阅前版。

6. "Dictionary of Organic Compounds"(第二版)

7. "Mercks"《化学和药物索引》

8. "Aldrich"《化学试剂目录》

（六）常用化学信息网址

1. 科技文献网址

(1) http://lcc.icm.ac.cn　　　　　　中国科学院科技文献网

(2) http://chem.itgo.com　　　　　　化学信息网

(3) http://www.cnc.ac.cn　　　　　　中国科技网

(4) http://www.cintcm.ac.cn　　　　数据库网

(5) http://chin.icm.ac.cn　　　　　重要化学化工信息导航网

(6) http://www.ccs.ac.cn　　　　　　中国化学会网址

(7) http://www.acs.org　　　　　　　美国化学会网址

(8) http://webbook.nist.gov　　　　美国国家标准局网址

(9) http://chemistry.org　　　　　　美国化学信息网

(10) http://bibll.las.ac.cn　　　　中国科学院情报所网

(11) http://www.info.gxsti.net.cn　中国广西情报所网

(12) http://www.info.zj.hz.cn　　　中国浙江情报所网

2. 专利文献网址

(1) http://jiansuo.com　　　　　　　中国专利检索网

(2) http://patentsl.ic.gc.ca　　　加拿大专利检索网

(3) http://patents.uspto.gov　　　美国专利检索网

(4) http://www.ipdl.jpo-miti.go.jp　日本专利检索网

(5) http://www.apipa.org.tw　　　　中国台湾专利检索网

(6) 欧洲专利检索网

　　①http://at.espacenet.com/　　　Austria

　　②http://be.espacenet.com/　　　Belgium

　　③http://cy.espacenet.com/　　　Cyprus

　　④http://dk.espacenet.com/　　　Denmark

　　⑤http://fi.espacenet.com/　　　Finland

　　⑥http://fr.espacenet.com/　　　France

　　⑦http://de.espacenet.com/　　　Germany

　　⑧http://gr.espacenet.com/　　　Hellenic Republic

　　⑨http://ie.espacenet.com/　　　Ireland

　　⑩http://it.espacenet.com/　　　Italy

⑪http://li. espacenet. com/　　　　Liechtenstein

⑫http://lu. espacenet. com　　　　Luxembourg

⑬http://mc. espacenet. com/　　　　Monaco

⑭http://nl. espacenet. com/　　　　Netherlands

⑮http://pt. espacenet. com/　　　　Portugal

⑯http://es. espacenet. com/　　　　Spain

⑰http://se. espacenet. com/　　　　Sweden

⑱http://ch. espacenet. com/　　　　Switzerland

3. 部分大学和教育机构网址

(1)http://www. cernet. edu. cn　　　　中国教育科技网

(2)http://www. zju. edu. cn　　　　浙江大学网址

(3)http://www. tsinghua. edu. cn　　　　清华大学网址

(4)http://www. pku. edu. cn　　　　北京大学网址

(5)http://www. jlu. edu. cn　　　　吉林大学网址

(6)http://www. ecust. edu. cn　　　　华东理工大学网址

(7)http://www. fudan. edu. cn　　　　复旦大学网址

(8)http://www. scuu. edu. cn　　　　四川大学网址

(9)http://www. nju. edu. cn　　　　南京大学网址

(10)http://www. xmu. edu. cn　　　　厦门大学网址

(11)http://www. nankai.. edu. cn　　　　南开大学网址

(12)http://www. hku. hk　　　　香港大学网址

(13)http://www. moe. edu. cn　　　　中国教育部网址

(14)http://www. chedu. com　　　　中国教育信息网

(15)http://www. harvad. edu　　　　美国哈佛大学网址

(16)http://www. cam. ac. uk　　　　英国剑桥大学网址